Henrik Hofmann

Mopsgeflüster

... und andere Tierarztgeschichten

vetpress.de 35510 Butzbach

© 2007 Verlag vetpress.de, Butzbach

Gestaltung, Satz und Druckvorstufe:
das pferd. Agentur für Kommunikation GmbH, www.daspferd.de

Lektorat:
Dr. Martina Lackhoff, vet | Korrektorat-Lektorat | med

ISBN 978-3-940254-00-9

»Es war genau so, wie ich es sage.
Ich schwör's!«

Für meine Kinder

Vorwort

Seit den Tagen von James Herriot und seinen fabelhaften Schilderungen des tierärztlichen Lebens ist viel Zeit vergangen. Die (Tier-)Medizin hat rasante Fortschritte gemacht und auch das Selbstverständnis des Tierarztes hat sich grundlegend geändert. Bis in die 60er Jahre des letzten Jahrhunderts konnte man noch »alles« wissen, und es war selbstverständlich, dass jeder praktizierende Tierarzt jede Tierart und jede Krankheit behandelte. Tierarzt war ein reiner »Männerberuf«, in den es vor allem Kinder von Landwirten, Tierärzten oder auch Jägern zog. Der Tierarzt musste »allzeit bereit« sein und brauchte eine Ehefrau, die willens war, ihr Leben neben dem Telefon zu verbringen und rund um die Uhr ein offenes Ohr für Kunden und Patientenbesitzer zu haben. War der Tierarzt im Notfall nicht erreichbar, war er bei den Bauern »unten durch«. Patienten waren vor allem Rinder, Schweine, Pferde und ein paar Schafe, Nutztiere eben, die ihren Besitzern wertvoll waren, weil sie von ihnen leben konnten und mussten.

Und während man sich noch vor einem halben Jahrhundert schämte, wegen eines Hundes zum Tierarzt zu gehen – Katzen, Meerschweinchen und anderes »Kleingetier« zählten erst gar nicht –, sind heute die exotischsten Patienten in der Praxis eine Selbstverständlichkeit. Nutztiere dagegen werden in weiten Teilen unseres Landes zu den wahren »Exoten«. Kleintiere entwickeln sich dagegen schleichend zu einer neuen Art von »Nutztier«: Sie sind Sozialpartner, hin und wieder Therapeuten, manchmal Kindersatz und fast immer treuer Freund. Sie urteilen und verurteilen nicht und geben Zuneigung ohne Bedingungen – Qualitäten, die menschliche Beziehungen und Singledasein zunehmend entbehren. Und übrigens: Tiermedizin ist heute das beliebteste Studienfach – und ein (fast) reiner Frauenberuf!

Um all diesen besonderen Ansprüchen gerecht zu werden, hat sich der Beruf des Tierarztes entsprechend weiterentwickelt: Sein Selbstverständnis hat sich vom »Feuerwehrmann« im Nutztierbereich zum kompetenten Ansprechpartner und Berater gewandelt. In der Kleintier- und Pferdepraxis hat er sich zum hochspezialisierten High-Tech-Mediziner und verständnisvollen Ansprechpartner (und manchmal auch Therapeuten) für »Herrchen« und »Frauchen« entwickelt. Er ist unterwegs als Verbraucherschützer in der Lebensmittelkontrolle und versteht sich als kompetenten und engagierten »Anwalt der Tiere«, wenn es um den Tierschutz geht.

Doch hinter einer langwierigen und anspruchsvollen Ausbildung, einer teuren Spezialisierung und dem Bemühen, immer für »Frauchen und Wauwauchen« da zu sein, stehen Menschen, die darum ringen, diesen hohen eigenen und fremden Ansprüchen gerecht zu werden und gleichzeitig ein gelingendes Familienleben zu führen.

Wie sich das gestaltet, zeigen die folgenden Geschichten, die sicherlich nicht repräsentativ sind, aber dennoch Einblick in eine »ganz normale Tierarztfamilie« gewähren.

Viel Freude an der Lektüre wünscht

Ihr Henrik Hofmann

Inhalt

Alle meine Entchen

Seit frühester Jugend hatte ich bei Geflügel irgendwie immer ein ungutes Gefühl. Um ehrlich zu sein: Ich ekelte mich vor allem, was Federn hatte. Schüttelte sich ein Huhn in meiner Anwesenheit, sah ich Milliarden kleiner Pilze auf mich zu schweben, fühlte, wie sie in mich eindrangen, meine Atemwege befielen, von meinem Körper Besitz ergriffen. Betrat ich einen Putenstall, musste ich hinterher anfallsartig meine gesamte Kleidung nach Milben durchsuchen, mich intensiv mit Desinfektionsmitteln behandeln. Das war verrückt, ich weiß, und trotzdem: Um dieses Gefühl zu überwinden, hatte es nicht einmal gereicht, Tiermedizin zu studieren. Im Gegenteil, ich glaube sogar, das Studium hat dieser Phobie ganz und gar nicht gut getan.

Doch eines Tages schlug auch bei mir das Schicksal zu.

Zumindest kleinere Kinder sind von Papas Beruf meist fasziniert und, wie so häufig, wurde ich von meinen Kindern auch an diesem Tag begleitet. Meine Aufgabe waren ein paar Trächtigkeitsuntersuchungen und Sterilitätsbehandlungen, und während ich mit dem Arm in einer Kuh feststeckte, flüsterte die Bäuerin den beiden etwas ins Ohr. Ihre Neugier schien offensichtlich geweckt, sie vergaßen mich und meine Kühe augenblicklich und verschwanden mit der Frau im Haus. Ich führte meine Behandlungen zu Ende, entsorgte Nadeln, Spritzen und langärmlige Handschuhe und begab mich dann auf die Suche nach den lieben Kleinen. Schon im Treppenhaus hörte ich begeisterte Laute. Ich stieg hinauf und rief. Keine Antwort. Ich lauschte in die Stille. Aus dem Badezimmer drangen leise Stimmen. Als ich die Tür öffnete, bot sich mir ein äußerst »beunruhigendes« Bild: Die Kinder saßen mit leuchtenden Augen zwischen 20 oder 30 kleinen Enten- und Gänseküken und streichelten und liebkosten sie! Ich ging an den selbst gebastelten Brutkasten heran, lupfte den Deckel ein wenig und konnte in diesem Moment zusehen, wie auf der Schale zweier Eier erst kleine Sprünge entstanden, dann kleine Löcher, aus denen sich winzige Schnäbelchen mit gelber Spitze schoben. Ein schwarzer Ansatz arbeitete sich mühsam hervor. Endlich zerbrach die Schale, zwei kleine Entchen befreiten sich und krabbelten unbeholfen einige Zentimeter weit. Sie schauten mich an oder war es nur in meine Richtung? Ich schränkte für mich ein, dass zumindest frisch Geschlüpfte doch etwas Bezauberndes hatten.

Es vergingen endlose Minuten, bis ich meine Kinder den Küken entreißen konnte. Beim Hinausgehen bemerkte ich, dass meine Kleine ein Eimerchen in der Hand trug, mein Großer ein Kästchen. Mir schwante Schlimmes.

»Jetzt sei doch nicht so, ich hab sie deinen Kindern geschenkt. In dem Eimerchen ist schon das Futter für die nächsten zwei Wochen …«

»Nein«, ich wehrte mich verzweifelt, »Tiere verschenkt man nicht. Und außerdem …« Ich nahm den Kindern die Ausrüstung weg und wir verließen den Hof. »Gerettet«, so dachte ich und bemühte mich auf der Fahrt mit kindgerechtem Smalltalk, die Stimmung etwas aufzuheitern. Ich legte sogar die mindestens schon 5000 Mal gehörte »Lukas-der-Lokomotivführer«-Kassette ein.

Doch vergebens. Von hinten kam nur beleidigtes Schweigen. Zu Hause berichteten meine Kinder unter Tränen der Mama, wie herzlos ich sei. Ich hätte sie einfach weggerissen, dabei gehörten »sie« doch ihnen. Schlimme Blicke trafen mich. »Du gönnst den Kindern auch nicht das Schwarze unter den Fingernägeln.« Ich versuchte mich zu verteidigen: »Aber da muss sich doch jemand drum kümmern …!«

»Das werden sie schon machen.«

»Und wenn nicht? Sollen die armen Tiere dann sterben?«

»Dann kümmere ich mich«, giftete sie.

»Und wenn wir wegfahren?«

»Dann tut es unsere Tierarzthelferin …«

Ich wand mich wie ein Aal und wusste doch gleich einem Sterbenden kurz vor seiner letzten Stunde, dass ich das Spiel verloren hatte.

»Fahr jetzt bitte sofort zurück zum Hof und hol das Geschenk der Kinder!«

Verloren. Geschlagen. Ich stieg ins Auto, fuhr zurück zum Hof. Die Bäuerin stand schon am Tor und empfing mich mit triumphierendem Blick. Wortlos.

Wieder daheim richtete meine glückliche Familie für die Entchen einen gemütlichen Katzenkäfig mit Rotlicht neben meinem Schreibtisch ein. Dies sollte nun ihr neues Zuhause sein. »Im Kinderzimmer will ich sie nicht«, sagte meine Frau. »Und draußen ist es zu kalt …« Ich beschloss, gute Miene zu bösem Spiel zu machen. »Es gibt also keinen anderen Platz! Habt ihr den Süßen denn schon Namen gegeben?«

»Alex und Mügge.« Das waren die Namen von zwei meiner besten Freunde. Meine Kinder versuchten offensichtlich, Sympathien für die Entchen in mir zu wecken. »Schmackhaft wollen sie sie mir machen«, dachte ich, aber das zu sagen, wäre hier wohl nicht angebracht gewesen. »Aha«, gab ich kalt zurück. Ich nahm mir vor, gnadenlos Widerstand zu

leisten. Ich würde die beiden Vögel ignorieren! Und wenn sie eines Tages recht verlottert und fast verhungert wären, dann würde ich sie triumphierend zurück auf den Hof bringen und sie mit abschätzigem Blick der Bäuerin zurückgeben. Achtlos übergeben. Allerdings: Was konnten schließlich die verdammten Vögel dafür?! Und trotzdem, genau so wollte ich es machen.

Von nun an arbeitete ich also an meinem Schreibtisch zusammen mit Alex und Mügge. Da der Käfig schon innerhalb eines Tages hochgradig unangenehm roch, musste ich ihn wohl oder übel sauber machen. Sonst saß ja keiner neben diesen Stinkern! Ich nahm die Entchen heraus, wechselte die Unterlage, das Wasser und das Futter, strich ihnen sanft über die Köpfchen. »Na, ihr Stinker?« Sie schauten mich an, schienen zu grinsen und es irgendwie als selbstverständlich zu betrachten, dass sie nun unter meiner Obhut standen.

Eines Nachts erwachte ich schweißgebadet. Schlechte Träume hatten mich geplagt. Ich stand auf und ging an meinen Schreibtisch, ich wollte, wenn schon nicht schlafen, dann wenigstens lesen. Doch als ich das Licht angeschaltet hatte, begannen Alex und Mügge plötzlich zu mir zu sprechen: »Kann es sein, dass ihr uns heute Abend vergessen habt? Wir haben Hunger! Gib uns zu essen!« Erstaunt stand ich vom Schreibtisch wieder auf, holte das Eimerchen und gab ihnen wie gefordert einige Körnchen.

»Was ist los mit dir?«, fragten sie, nachdem sie den ersten nächtlichen Hunger gestillt hatten.

»Ach, wisst ihr, manchmal ärgere ich mich so sehr, dass ich nicht mehr schlafen kann.«

»Und meinst du, dass das so wichtige Dinge sind, dass es sich lohnt, deshalb nachts herumzugeistern?«

Ich überlegte. »Eigentlich nicht. Aber mich verfolgen nachts im Schlaf Ungerechtigkeiten, die mir tagsüber angetan wurden.« Ich nahm meinen Schreibtischstuhl und setzte mich mit der Lehne lässig nach vorne an ihren Käfig. »Wisst ihr, ich habe mir zum Beispiel beim Hund von Frau Serg wirklich Mühe gegeben. Noch mit Spezialisten telefoniert, Bücher gewälzt. Bin nachts aufgestanden, um nach ihm zu schauen. Da holt sie ihn ab, als er fast gesund ist, geht zum Nachbarkollegen. Der gibt ihm eine Kortisonspritze und jetzt erzählt sie rum, dass ich versagt und der Nachbar geheilt hat ... Da könnte ich zum Mörder werden! Und es gibt Dutzende solcher Geschichten! Das geht jedem so, ich weiß, aber das macht es nicht besser!«

Die Enten schüttelten den Kopf. »Das sind deine Erwartungen. Du erwartest Dankbarkeit und Zufriedenheit deiner Kunden, vielleicht sogar ein Lob. Anerkennung. Das ist natürlich verständlich, denn du gibst dir Mühe. Sogar mit uns!« Sie kicherten. »Wir wissen das übrigens zu schätzen. Aber darum geht es nicht. Du hast Erwartungen an deine Mitmenschen, aber das ist ein grundlegender Fehler. Deine Aufgabe ist es, deine Arbeit möglichst gut zu machen, dich um deine Familie möglichst gut zu kümmern, deinen Verantwortungen nachzukommen. Vielleicht sogar, dir um deine Seele Gedanken zu machen. Du musst lernen loszulassen, zu entspannen. Wenn du an nichts festhältst – wie können dich

dann andere enttäuschen oder gar unglücklich machen? Du hängst an deinem Beruf, an deiner Frau, an deinen Kindern, an deinem Haus. Aber das ist alles vergänglich, es fließt. Einer unserer Verwandten nannte das mal den »Versuch, einen Fluss festzuhalten«. So wie du Enttäuschungen von deinen Kunden erfährst, könntest du sie auch von deiner Frau erfahren. Stell dir vor, sie verliebt sich in einen anderen oder dein Haus brennt ab. Irgendwann werden dich deine Kinder verlassen, deine Tochter wird einen Kerl heiraten, den du nicht ausstehen kannst ...«

»Der Beruf ist meine Leidenschaft«, wandte ich ein. »Aus der Anerkennung ziehe ich Kraft ...«

»Schon klar. Aber sieh's mal so: Leidenschaften drücken unsere Träume von der Zukunft aus, spiegeln unsere Wünsche, wie Dinge sein sollten. Wir sind innerlich unzufrieden, es muss immer einer draufgesetzt werden. Da gehört auch das Lob deiner Kunden dazu. Und hast du das, arbeitest du schon wieder an den nächsten Träumen. Ein größeres Haus, eine schönere Frau, mehr Geld, eine Fortbildung, um deine Arbeit noch besser zu machen. Die meisten von euch Menschen leben in einer Zukunft, die es nicht geben wird. »Warum?«, fragst du? Weil ihr mit der Gegenwart unzufrieden seid!«

Mir blieb ein wenig die Luft weg. »So genau wollte ich's jetzt eigentlich gar nicht wissen ...«

»Und noch eins: So lange du in Leidenschaften und Wünschen lebst, wirst du dein Leben verschwenden. Du wirst immer unglücklich sein und in Träumen leben. Du bist ein Wanderer, so wie wir auch.«

In mir machte sich eine Mischung aus Zorn und Angst breit. »Jungs, wenn ihr mich weiter so bearbeitet, gibt's morgen kein Frühstück!«

Die beiden kicherten. »Auf jeden Fall solltest du jetzt endlich schlafen gehen. Morgen wirst du schlecht gelaunt und unausstehlich sein. Wenn deine Kinder morgens nörgelig sind, pflaumst du sie immer an, dass sie zu spät ins Bett gegangen sind! Müssen wir noch mehr sagen?«

Ich verzog ärgerlich die Mundwinkel.

»So, hast du noch andere Sorgen?«, fragten sie, wohl um mich zu besänftigen.

Ich seufzte tief.

»Wir werden anscheinend noch einige Gespräche mit dir zu führen haben«, sagte Mügge, und ich glaubte ein wenig Verzweiflung in seiner Stimme zu hören. Er kniff die Augen zusammen und schien nachzudenken. »Vielleicht sollten wir die Sache anders angehen. Ich schlage dir eine Übung vor: Du nimmst dir einen Zettel und schreibst immer und immer wieder »Ich habe Recht«. So lange, bis dein Unterbewusstsein es glaubt ...«

»Ich muss darüber nachdenken«, sagte ich, doch insgeheim war mir klar, dass Alex und Mügge Recht hatten.

»Aber eine Frage habe ich noch an euch: Warum könnt ihr eigentlich sprechen?«

»Das ist ähnlich wie bei euch Menschen: Ihr habt kurz vor der Geburt doch Kiemen, weil ihr mal Fische wart. Und kurz nach der Geburt Behaarung, weil ihr so was wie Affen seid.« Wieder kicherten die beiden, ihre eigenen Scherze gefielen ihnen offensichtlich am besten. »WIR können eben kurz nach der Geburt sprechen, weil wir mal Menschen waren.«

Langsam begannen meine Augen zu brennen, ich rieb sie mir ausgiebig. Schließlich verabschiedete ich mich von den beiden und strich ihnen noch einmal über den Kopf. »Tut mir leid, dass wir euch heute vergessen haben. Ich geh jetzt ins Bett.« Nicht nur, dass die Burschen sprechen konnten, der ganze Quatsch schien auch noch Hand und Fuß zu haben. Ich nahm mir vor, am nächsten Tag noch ein bisschen mehr von ihnen zu erfahren ...

Heute leben Alexandra (mit der Zeit waren gewisse Unterschiede zum Vorschein gekommen) und Mügge in unserem Garten. Ich habe einen kleinen Teich angelegt und einen Brutkasten gekauft, in dem ich hin und wieder Eier ausbrüte: ein recht simples Modell für fünfundachtzig Euro. Er steht im Schlafzimmer neben meinem Bett. Man muss ziemlich aufpassen, denn die Kleinen sind nach dem Schlüpfen sehr agil und stürzen sich beim Öffnen des Kastens sofort in die Tiefe. Die Aufzuchtstation habe ich neben meinem Schreibtisch aufgebaut, denn keinesfalls möchte ich die ersten Nächte verpassen, wenn kleine Enten noch sprechen können! Nach dieser wichtigen Woche ziehen sie dann ins Badezimmer unter das Waschbecken um. In dieser Zeit ist Rotlicht unbedingt notwendig, die Entchen sind extrem kälteempfindlich. Bei warmem Wetter können sie stundenweise jetzt schon in den Garten gelassen werden. Als Ernährung empfiehlt sich ein »Entenstarter« aus dem Futtermittelhandel, die Umstellung auf normales Körnerfutter ist nach drei Wochen langsam möglich. Später fressen die Enten so ziemlich alles.

Kleine Enten sind übrigens wirklich toll ...

Aber dass meine Familie immer über den strengen Geruch im Badezimmer schimpft, das finde ich kränkend. Sie gönnen mir eben nicht das Schwarze unter den Fingernägeln!

Wir sind nicht allein

»Geh in Deckung!«, sagt Annette zu mir und ich ziehe den Kopf ein. Annette ist Juristin und wir sind auf einer schicken Party in Wiesbaden und plaudern mit einer Sängerin über die Oper. »Jetzt nicht umdrehen« zischt Annette, doch es ist zu spät. Eine Frau mit Hund nähert sich mir glücklich strahlend. Ihr Hund trägt einen Halskragen. »Ach, wie gut, dass ich Sie treffe«, sagt die Dame, die ich nie zuvor gesehen habe. »Die Gastgeberin hat mir schon vorgestern am Telefon erzählt, dass Sie kommen – Sie sind doch der Tierarzt, oder?«

Ich schaue Annette und die Sängerin vielsagend an.

Wir kannten uns vorher nicht, doch irgendwie hatten sie für mich so ausgesehen, als ob sie keine Tiere hätten und ich hatte mich zu ihnen gesetzt, war geflohen von meinem vorherigen Platz. Denn dort hatte ich mich zunächst zu meiner Linken ganz nett über den schlechten Wein unterhalten, bis ich mich als Tierarzt »geoutet« hatte.

»Ach, da hätte ich mal eine Frage. Ich habe eine Deutsche Dogge aus dem Tierheim, die beißt irgendwie immer meinen Mann. Wenn die jetzt aber ein Kind beißen würde …?«

»Sie sind Tierarzt? Wie interessant, das wollte ich auch immer werden! Woran könnte das eigentlich liegen, dass das Meerschweinchen meiner Nichte …«

Entnervt hatte ich mich den Gästen zu meiner Rechten zugewandt. »Entschuldigen Sie, ich habe gerade mitbekommen …, wissen Sie, mein Pferd, das hat ja schon seit Monaten …, und da waren auch schon einige Ihrer Kollegen dran, aber …«

Verzweifelt war ich aufgestanden. »Ich hol mir nur schnell was zu trinken«, hatte ich gesagt und war zu meiner Frau gegangen. Diese war in ein Gespräch über die Behandlungsratschläge, die wohl in der letzten »Cavallo« aufgeführt waren, verstrickt. Sie diskutierten über »Endobionten« (»Was, zum Teufel, sind Endobionten?«) und wie die entsprechende Behandlung aussehen müsste. Ich tat einfach, als ob ich sie nicht kannte und schlich weiter. Bis ich Annette sah. Wahrscheinlich hatte mich die völlige Hunde- und Katzenhaarlosigkeit ihres schwarzen Kleides angezogen …

»Weißt du«, sage ich, »manchmal halte ich das kaum aus. Wo ich bin, wen ich treffe, ich bin der Tierarzt. Manche kennen noch nicht mal meinen Namen. Das ist grauenvoll! Den ganzen Tag gearbeitet und dann sollst du abends auf einer Party noch kostenlose Ratschläge verteilen.«

Annette nickt mir wissend zu. »Glaub nicht, dass das nur dir so geht. Ich bin Anwältin und mich kennen auf diesen Partys noch die meisten. Neulich habe ich aber was erlebt, das war schon stark. Ich hatte mich mit einer Bekannten auf ein Bier verabredet und wir saßen in einer Kneipe und hatten uns was bestellt. Plötzlich fängt sie an, sie hätte da mal eine Frage und berichtet von einem Rechtsstreit mit ihrem Arbeitgeber. Ich wollte da nicht blöd tun und sagte ganz diplomatisch, da müsse man mal bei Gelegenheit die Akten einsehen, das seien ja schließlich komplizierte juristische Vorgänge und so weiter. Da bückt sie sich, holt

einen dicken Leitzordner hervor und sagt, sie habe zufällig die Akten gerade dabei ...! Ich wusste gar nicht, was ich sagen sollte.«

In der Zwischenzeit hatte sich Elfi, die Sängerin, zu uns gesellt und interessiert zugehört. »Ich bin ja eigentlich gelernte Arzthelferin und bei meinem Chef war das genauso. Der hat immer gesagt, mit Kunden könne man nicht befreundet sein. Wenn der irgendwo in seiner Freizeit von Patienten auf irgendein Wehwehchen angesprochen worden war, rief er mich am nächsten Morgen zu sich, gab mir den Namen und ließ mich die Karte raussuchen. »Beratung im Notdienst« oder so ähnlich hieß das dann.«

Das fand ich doch gleich interessant. Meiner Frau geht es nämlich beim Reiten auch immer so. Da kommen vor allem Nicht-Kunden und wollen, dass sie »nur mal guckt«, ob der behandelnde Kollege das auch richtig macht.

»Und wenn die Leute keine Patienten von ihm waren?«, wollte ich von Elfi wissen. »Da hat er einfach gefragt, ob sie das Krankenkassenkärtchen dabei hätten. Und wenn sie verneinten, ist er weggegangen ...«

»Ja, ich bin Tierarzt«, sage ich zu der Dame mit dem Hund, der einen Halskragen trägt.

»Vor drei Tagen«, berichtet sie, »wurde mein Hund von einem Ihrer Kollegen kastriert. Kann es sein, dass er vergessen hat, die Hoden rauszunehmen – oder macht man das so ...?«

Ich schaue sie an und es liegt mir auf der Zunge zu fragen, ob sie bar bezahlen will oder ob ich eine Rechnung schicken soll. Dann halte ich mich aber zurück und antworte:

»Wahrscheinlich hat der Kollege Glasaugen aus der Humanmedizin implantiert, das macht man heute so. Erstens sehen die Rüden damit nicht so hilflos aus und zweitens können die Hunde dann beim Häufchenmachen sehen, ob sie Würmer haben.«

»Ach«, sagt die Frau, »da danke ich aber recht schön für die Auskunft!« und geht zum nächsten Tisch.

Und Elfi meint: »Wie herrlich einen Beruf zu haben, der einem das Gefühl gibt, gebraucht zu werden ...!«

Reit-Apparat BAYARD

D. R. P.

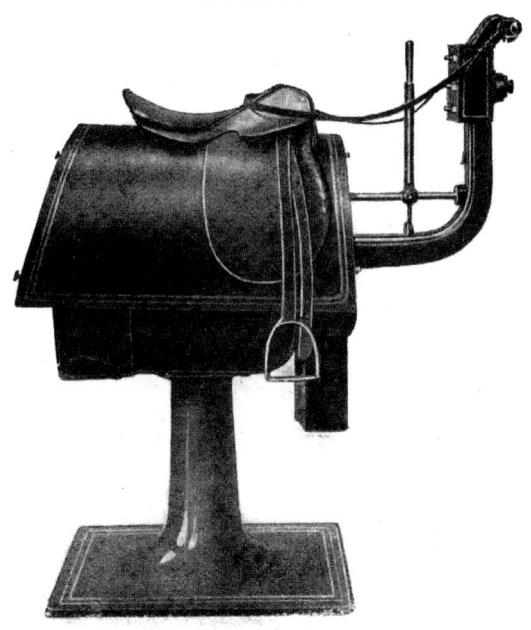

»Das will ich haben …«

Dieses wunderbare Sportgerät wurde Anfang des vergangenen Jahrhunderts von der Firma Rossel, Schwarz und Co. aus Wiesbaden (»Telephon Nr. 780«) vertrieben. Der »Reit-Apparat BAYARD« war bereits Ende des 19. Jahrhunderts in Philadelphia, Brüssel, Paris, Lemberg, Santiago und zahlreichen anderen Orten mit einer Goldmedaille fürs beste Design ausgezeichnet worden. Laut Hersteller ahmt das Gerät »in durchaus naturgetreuer Weise die Bewegung des Pferdes nach und zwar in Trab und Galopp«. Zudem könne die Geschwindigkeit vom Sattel aus variiert werden. »Je nach Wunsch ist der Apparat ausgestattet mit einem Herrensattel oder Damensattel oder mit einem kombinierten Herren- und Damensattel.«

Betrachtet man kritisch, was manches pubertierende Mädchen ihrem »besten Freund« körperlich wie seelisch so alles antut, wäre eine Neuauflage dieses Sportgerätes durchaus wünschenswert. Unter dem Namen »Reit-Apparat PFERDEFREUND« würde es bestimmt Furore machen …

Träume – oder: Das eine finden

Neulich traf ich zwei alte Schulfreunde und wir verabredeten uns zum Abendessen. Einige Tage später saßen wir dann in großer lustiger Runde bei Pizza und Limonade und gaben ein paar Anekdoten zum Besten. Mit der Zeit unterhielt sich jeder intensiv mit dem Nachbarn und ich merkte, dass bei allen ähnliche Themen diskutiert wurden: was sie »machen« wollten. Die eine war erfolgreiche Anwältin in eigener Kanzlei, schrieb jetzt aber Bücher über alleinerziehende Mütter. Der andere war Hotelfachkaufmann, hatte aber eine Assistentenstelle bei einem Fotografen in London angenommen. Der nächste war »Sales-Manager« in der Pharmaindustrie, wo ihm eine wunderbare Karriere bevorstand – er suchte nun aber eine Stelle bei einer Entwicklungshilfegesellschaft.

»Sagt mal, ihr Lieben, wir sind alle jung, wir haben alle tolle Berufe, in denen wir auch einigermaßen erfolgreich sind, und erzählen von ganz anderen Sachen, die wir machen wollen – das ist doch komisch, oder ...?«

»Na ja«, sagte Achim, der auch Tierarzt geworden ist. »Ich war jetzt sieben Jahre Assistent, ich bin ganz gut und hab auch – für einen Tierarzt – gut verdient. Finanziell gelten wir ja als die »Proletarier unter den Akademikern«. Mit gutem Recht, das ist allerdings wieder ein anderes Thema. Aber ich kann die ewigen Nachtdienste und Notdienste nicht mehr aushalten! Und dann nimmt mein Chef noch nicht mal akzeptable Preise dafür. Dazu kommt, dass ich nach all diesen Diensten so fertig bin, dass ich einfach keine Sozialkontakte aufbauen kann; ich hab' noch nicht mal eine Freundin. Achtzig Stunden zum Gehalt von siebenunddreißigeinhalb sind die Regel. Abends bin ich dann einfach nur müde, sitze in meinem Assistentenzimmer und frag' mich, was ich da eigentlich treibe. Aber wenn ich mich selbständig mache, dann bin ich ja endgültig verloren ...«

»Mir geht's ähnlich«, sagte Johan, unser Manager-Freund. »Ich verdiene gutes Geld und hab' so was wie Karriere gemacht. Aber wenn Karriere nicht Selbstzweck ist, was treibe ich dann da? Das kann doch jetzt nicht so bis zur Rente weitergehen!«

»Kennt ihr die Geschichte von dem erfolgreichen Chirurgen?«, fragte Sibylle. »Nein? Das war so: Der Mann war ein netter Ehemann und liebevoller Vater. Er machte Karriere an einem Krankenhaus und sagte zu seiner Familie, sie müssten noch ein paar Jahre durchhalten, dann habe er genug verdient. Jetzt habe er aber leider keine Zeit für sie. Und als er dann in Rente gegangen ist und endlich mal was mit seiner Familie unternehmen wollte, sagten seine Kinder: *Papa, wir haben dich wirklich lieb –, aber in den nächsten Jahren haben wir jetzt echt keine Zeit …*«

»So eine ähnliche Geschichte kenne ich auch«, sagte ich. »Die hat mir eine Kundin erzählt. Ihr Mann hat eine Lebensmittelkette aufgebaut und sich auch irgendwann die Frage nach »dem einen, auf das es ankommt« gestellt. Aber da war er schon fünfundsiebzig und schwer krebskrank. Der Mann hatte zeitlebens den Traum gehabt zu reisen, lange zu reisen. Als die Ärzte ihm mit sechsundsiebzig die Metastasen aus der Leber entfernt hatten, entschloss er sich, die Panamerikana von ganz oben bis nach Feuerland runter zu fahren.«

«Und? Hat er's gemacht?«

»Er hat …«

Johan hielt grinsend den ausgestreckten Zeigefinger hoch: »Das EINE, worauf es ankommt! Kommt mir irgendwie bekannt vor … Was es für mich ist, kann ich euch sagen: Mir geht es um meine Kinder. Ich will mehr mit ihnen zusammen machen. Ich will nicht irgendwann mit Krebs oder so was am Boden liegen und denken: Ach, hätte ich bloß!«

Und Sibylle erwiderte: »Mir geht's genauso. Ich hab' zwar keine Kinder und will auch keine, warum könnt ihr in meinen Büchern nachlesen, aber ich lebe in meinen Geschichten. Und noch was. Ich habe sehr genaue Träume! Wisst ihr, meine Mutter verlässt sich schon ihr Leben lang auf die Stärke meines Vaters. Er ist einflussreicher Staatsanwalt in B., er kennt alle und ist der große Macher. Alle Leute um meine Eltern herum respektieren ihn und nehmen seine Meinung als so was wie gottgegeben hin. Meine Mutter inzwischen auch. Ich weiß nicht, ob sie jemals eine eigene Meinung hatte, aber ich habe nie erlebt, dass sie zu irgendwas Stellung bezog. Solange ich zurückdenken kann, hatte sie jedenfalls nie die Charakterstärke, sich gegen die Meinung vom Alten aufzulehnen. War ja auch nicht nötig, sie übernahm schlicht und unkritisch alles, was er vorgab. Aber das Beste kommt noch. Zum einen lebt sie durch und in der Person meines Vaters. Und zum anderen ist der wichtigste Gedanke in ihrem Leben: *Was denken die anderen Leute über mich?* Sie hat in diesem Sinne keine eigene Persönlichkeit, keine eigenen Maßstäbe und Werte, sondern lebt von anderen für andere. Ist wahrscheinlich gar nicht so ungewöhnlich in der älteren Generation, aber sie hat immer versucht, mich auch in dieses Schema reinzuzwängen«. Sibylle grinste stolz. »Aber ich hab' meine eigene Philosophie …«

Ich zuckte mit den Schultern. »Man muss nach den eigenen Maßstäben richtig gelebt haben oder den Weg gegangen sein, den man für richtig hält. Was du bist, hast du. Was du hast, ist Staub im Wind.« Kaum ist es draußen, schäme ich mich (ein wenig) für dieses Pathos.

»Ihr habt ja alle Recht«, sagte Achim, der Tierarzt, wieder. »Das Problem bei meinesgleichen ist dieses: Wir tun schon das, was wir für richtig halten. Tierarzt zu sein, ist ein Traumberuf. Und viele von uns bringen wirklich viel Idealismus mit und machen ihre Arbeit mit Herz. Ich meine, ich bin bereit, einen Preis für mein Glück und für meine Überzeugungen zu zahlen. Doch irgendwann kommt der Punkt, da kannst du nicht mehr! Du merkst, dass du ausgenutzt wirst. Du brennst aus, wirst zur leeren Hülle und stehst hinterher mit einem schalen Geschmack im Mund da. Die Leute denken, der habe Glück, da könne er ruhig was davon abgeben. Aber wenn du nicht aufpasst, legst du ruck, zuck dabei drauf.«

»Wisst ihr«, übernahm Johan das Philosophieren, »vielleicht ist einfach das Wichtigste, dass man sich selbst treu bleiben muss. Man muss es sich auch wert sein zu sagen: Nein! Nein zu Geld, nein zu einem Job, nein zu der Meinung der anderen.«

»Da fällt mir eine andere schöne Geschichte ein«, schwenkte ich ab. »Ich war mal ein paar Monate in Ägypten. Da habe ich eines Tages mitten in der libyschen Wüste einen Neuseeländer getroffen, Evan hieß er. Ein riesiger Typ, mit Händen, so groß wie Klodeckel, und langen, schwarz gelockten Haaren. Er trug eine Art Kaftan und eine ziemlich coole schwarze Sonnenbrille dazu und zog mich irgendwie magisch an. Er war nicht besonders sympathisch, gutaussehend, cool oder Ähnliches. Saß in einer Teestube und rauchte. Sonst nichts. Ich setzte mich mit meiner Coke zu ihm, nahm den letzten Schluck und fragte ihn, wohin er gehe und was er so treibe. Er grinste und schüttelte den Kopf. Keine Ahnung. Er habe so nichts vor. Ich wusste erst hinterher, was es war, das mich so anzog. Es war die unglaubliche Ruhe und Gelassenheit, die von ihm ausging, er war im Reinen mit sich selbst. Das Gefühl hatte ich jedenfalls. Ich bestellte uns zwei Tassen Tee und auch mir eine »Schischa«, eine Wasserpfeife, und wir rauchten und tranken Tee. Evan kam von einer riesigen Farm in Neuseeland, wo er mit seinen Eltern, seinen Geschwistern und Großeltern zusammenlebte. Sie waren Schafzüchter und das schon immer gewesen, seit ihre Vorfahren sich das Land genommen hatten. Er habe ein Pferd und ein Motorrad und je nachdem, wo die Schafe seien, reite oder fahre er zu ihnen und kümmere sich um alles. Auch die Vermarktung sei zu einem wichtigen Punkt geworden. Eines Tages habe sein Vater nach dem Abendessen gesagt, er solle noch sitzen bleiben. Der Vater ging in die Küche, bereitete zwei Gläser Whiskey zu und setzte sich wieder seinem Sohn gegenüber an den Tisch. *Hast du dir überlegt, was du machen möchtest?* Evan hatte sich so einiges überlegt und mit Anfang zwanzig wurde es langsam auch Zeit, das Leben in die Hand zu nehmen. Schon oft hatte er gedacht, dass es noch was anderes als Schafhirte für ihn als Beruf geben musste. Er wollte noch was sehen. Aber irgendwie war er eben ein typisches Landei und auch zu träge, um sich das richtig zu überlegen. *War nicht auch alles ok, so wie es war? Tagsüber arbeiten und abends die Freunde auf ein paar Bier treffen? Schafe im Akkord mit den Landarbeitern um die Wette scheren und in Vollnarkose ins Bett fallen? Ab und zu ein paar Mädels in der Stadt treffen?*

Der Vater begann wieder: *Also, deine Mutter und ich, wir haben uns überlegt, du würdest vielleicht gerne was von der Welt sehen. Mir ging's damals ähnlich. Ich hab, als ich so alt war wie du, auf einem norwegischen Walfänger in Port Natal angeheuert. Mein Vater hatte mich zu Verwandten nach Südafrika geschickt und die kannten Larsen, den Kapitän. Ein harter Bursche. Ich hatte den Platz auf dem Aussichtsturm und musste rufen, wenn ich einen Wal blasen sah. War natürlich eine andere Zeit. Versteh uns nicht falsch, wir sind froh, dass wir dich hier bei uns haben. Aber weißt du, es gibt einfach noch mehr Dinge auf der Welt als nur Schafe.*

«Also, ich will euch nicht langweilen ...», schwächte ich meine Geschichte ab. »Nein, nein«, beruhigte mich Sibylle mit leuchtenden Augen. »Erzähl weiter. Es ist spannend. Ich wollte auch mal nach Neuseeland.«

»Also gut«, fuhr ich fort. »Evans Vater machte ihm einen Vorschlag. *Deine Mutter und ich, wir haben uns jedenfalls was überlegt. Wie wär's, wenn du mal ein Jahr lang die Welt anschauen würdest. Vielleicht auch länger? So was wie eine Weltreise.* Evans Vater trank das Glas in einem Zug leer, schaute auf das halbvolle Glas seines Sohnes und ging, um sich noch einen weiteren Whiskey zu holen. Als er zurückkam, hatte sich sein Sohn bereits entschieden: Er wollte reisen.

»Evan war seinem Vater wirklich richtig dankbar. Er hatte die Chance, sich die Welt anzuschauen und zu sehen, ob ihm wohl ein Land besser gefällt als Neuseeland und ein Beruf besser als Schafhirte. Das sei ein Geschenk, das er zu schätzen wisse. Seine Eltern bezahlten, obwohl er natürlich jeden Job annahm, den er kriegen konnte, um sich selbst über Wasser zu halten. Aber er musste nicht.«

Ich machte eine Pause, meine Freunde waren ganz still und dachten über das Gesagte nach. Ich fuhr fort: »Ich habe Evan dann gefragt, wo es ihm denn nun am besten gefallen würde und welcher Beruf nun sein Traumberuf geworden sei. Er hat sein leeres Teeglas in die Hände genommen, nachdenklich zwischen beiden Handflächen hin- und hergedreht und dann kam die Antwort: *Nun, ich hab mir 'ne Menge angesehen und auch bei 'ner Menge Leute gearbeitet. Mit Studenten und Arbeitern und Tierärzten und was weiß ich gesprochen. Ich hab' mit Polen und Rumänen Wein geerntet, in der Türkei einen Schwimmbadservice für Hotels gemacht, Fremdenführer in Avignon gespielt, Sprachunterricht in Portugal gegeben und war als Au-pair in Deutschland. Für die Araber habe ich Schafe geschächtet, in einem Krankenhaus in Indien gearbeitet und dort auch auf 'ner Werft, aber da bin ich nach zwei Wochen so krank geworden, dass ich schon dachte, ich müsste alles abbrechen. Ich hab Feuer gespuckt und Scherben geschluckt und in zahllosen Kneipen rund um die Welt gekellnert ...* Evan grinste vor sich hin, als er mir das alles erzählte. Und er fuhr fort: *Aber ich muss ehrlich gestehen, das beste Land* – er machte eine Pause und ich war mir sicher, dass er es aus gemeiner Berechnung tat, um mich auf die Folter zu spannen –, *das beste Land ist Neuseeland! Der beste Beruf ist Schäfer! Dies ist meine letzte Woche, danach geht's zurück auf uns're Farm. Ich hab verdammtes Heimweh!*«

»Wow!«, entfuhr es allen wie aus einem Mund. »Er hat's wohl gefunden, das EINE ...!«

Alle schwiegen, nickten vor sich hin. »Schafhirte in Neuseeland«, flüsterte einer vor sich hin, als habe er endlich den Stein der Weisen gefunden.

»Wisst ihr«, erzählte ich weiter, »und ihr werdet mich für verrückt halten, wenn ich das jetzt sage, ich habe über diese Geschichte tatsächlich ein paar Jahre nachgedacht. Vielleicht machen wir auch zu viel Aufhebens um unsere Sehnsucht. Vielleicht gibt es da ja nichts zu finden. Also, wie soll ich sagen, wir sind alle auf der Suche, wie man ja deutlich sieht. Wir glauben, dass das, was wir machen, nicht das Richtige, das EINE ist. Wir glauben aber, dass wir den Gral finden können, wenn wir nur dieses oder jenes tun, eine bestimmte Bedingung erfüllen. Wenn wir den tollsten Beruf gelernt, die erste Million verdient, das erste Haus gebaut, die Traumfrau gefunden, ein Buch geschrieben, einen Sohn gezeugt, Gott erfahren haben ... Wir stellen Bedingungen dafür auf, wann das vermeintlich richtige Leben beginnt. Ich will mal ein Beispiel nehmen. Ein Freund ist Jäger und dachte, erst wenn er seinen ersten Hirsch geschossen hätte, sei er ein »richtiger« Jäger. Und dann hatte er ihn geschossen. Anschließend musste es eine Gams in Österreich sein, ein Bär in Rumänien, dann eine Giraffe in Afrika. Er hat inzwischen all die armen Viecher über den Jordan geschickt, aber er ist noch immer nicht zufrieden. Der Erfolg ist ein gefräßiges Raubtier und immer auf der Suche nach neuer Nahrung, der nächsten Beute.«

Ich war mittlerweile mächtig ins Erzählen gekommen und ölte meinen Gaumen nun mit einem kräftigen Schluck. Mein Bier war schal geworden, doch ich war so in Fahrt, dass ich es nicht wahrnahm und begeistert weiterphilosophierte.

»Vielleicht ist es eben genau das: zu erkennen, dass wir den Heiligen Gral nicht zu suchen brauchen, weil wir ihn schon immer in Händen halten. Vielleicht ist es egal, ob wir siegen oder verlieren, wir den Hamster in dem Rädchen neben uns überholen oder nicht. Vielleicht haben wir das Beste bereits erreicht, müssen nur noch lernen, es zu sehen.«

»Also neu sind deine Theorien nun nicht gerade –, aber es ist schon was dran«, wandte Johan ein. »Ich will jetzt aber auch mal ehrlich sein: Es gibt nichts Schlimmeres als Zufriedenheit. Es geht nicht darum, Tiere zu Tode zu quälen, da hast du schon Recht. Das Spannende ist, auf der Jagd nach ihnen zu sein!«

Sibylle schubste ihr leeres Glas in die Mitte des Tisches. »Junge, Junge, wir haben vielleicht Themen drauf. Auf der Jagd nach dem Einen ...« Sie schlug sich demonstrativ mit der flachen Hand vor die Stirn.

Wir sahen uns alle grinsend an und hoben den EINEN Finger und bestellten noch die EINE Runde.

Im Notdienst I
(ein Klassiker)

Beim Tierarzt klingelt noch spät das Telefon.

»Gleich kommt meine Frau mit unserer Katze zu Ihnen«, ruft ein aufgeregter Mann in den Hörer. »Bitte geben Sie ihr eine Spritze, damit sie friedlich einschläft ...«

»Gerne«, sagt der Tierarzt, »aber findet Ihre Katze dann auch alleine wieder nach Hause?«

Im Notdienst II
(ein weiterer Klassiker)

Mitten in der Nacht ruft die Besitzerin eines Rüden beim Tierarzt an.

»Herr Doktor, Sie müssen mir helfen! Seit Stunden hängt mein Hund auf der Nachbarshündin und ich krieg ihn einfach nicht da weg!«

»Haben Sie's schon mal mit der Hundepfeife probiert?«, meint der Tierarzt.

»Ah, ja, gute Idee!«, sagt die Frau und legt auf. Ein paar Minuten später ruft sie wieder beim Tierarzt an.

»Es hat nicht geholfen, was soll ich tun?«

»Hat der Hund etwas, was er besonders gern frisst? Versuchen Sie's doch mal damit.«

»Prima, darauf hätte ich auch selber kommen können«, meint sie und beendet das Gespräch.

Wenige Minuten später folgt ein weiterer nächtlicher Anruf beim Tierarzt.

»Herr Doktor, es hat nichts gebracht. Jetzt weiß ich gar nicht mehr weiter«, jammert sie.

»Rufen Sie Ihren Hund doch mal bitte ans Telefon.«

»Was? Wie soll das denn funktionieren?«

»Na, bei mir hat es ja schließlich auch schon dreimal geklappt ...«

Ein Pferdehändler auf Abwegen

Ich hielt auf dem Hof eines alten Pferdehändlers, seine Frau hatte um einen Hausbesuch gebeten. Es sei eine Sache zwischen Leben und Tod und ich müsse umgehend kommen. Um was es ginge, könne sie am Telefon allerdings nicht sagen. In ihrer Stimme lag Entschiedenheit, sie schien zu meinen, was sie sagte, und so plante ich diesen mysteriösen Termin für die heutige Praxisfahrt mit ein.

Als ich auf den Hof fuhr, kam mir die alte Frau gleich entgegen. Sie trug eine hellblaue Kittelschürze über einer grünen, mottenzerfressenen Strickjacke. Unter der Schürze schauten Stützstrümpfe hervor, die wiederum in abgetragenen Gummisandalen steckten. Die Frau des Pferdehändlers machte einen verbrauchten, ungepflegten Eindruck. Da ich ihren Mann recht gut kannte, konnte ich mir den Grund ihres Zustandes gut erklären. Er war ein jähzorniger, hartherziger Bursche gewesen, der sich gerne selber schonte, seine Umwelt aber immer zur Arbeit antrieb. Auch sein Sohn war Viehhändler; doch hatte er nicht etwa den väterlichen Betrieb übernommen, sondern sich eine eigene Firma aufgebaut. Mit dem Alten hielt es einfach niemand aus.

Während die Frau auf mich zukam, wischte sie sich ausgiebig die Hände an einem alten Handtuch ab.

»Ich weiß gar nicht, wie ich es sagen soll«, fing sie an. »Mein Mann hat wieder mal eine Dummheit gemacht. Er langweilt sich einfach so, seitdem er im Ruhestand ist. Weiß einfach nichts mit sich anzufangen. Er sitzt stundenlang in der Küche und starrt vor sich auf den Tisch. Und irgendwann steht er dann auf und macht irgendeinen Blödsinn.« Es stimmte wirklich, der Pferdehändler war weit und breit dafür bekannt, dass er hin und wieder Anwandlungen bekam und dann irgendeinen Quatsch machte. Im »Ruhestand« war er, seitdem

ihm die Amtstierärzte ein Tierhalteverbot auferlegt hatten. Zu dieser drakonischen Maßnahme war es gekommen, weil er sich wiederholt nicht um seine Pferde gekümmert hatte. Er war angezeigt worden, und als die Tierärzte den Stall durchsuchten, fanden sie in einem dunklen Verschlag zwei halb verhungerte Pferdchen ohne Futter, ohne Einstreu, seit Tagen ohne Wasser. Sie standen völlig verängstigt in ihren Exkrementen. Die Veterinäre beschlagnahmten sie sofort –, doch als sie sie abholen wollten, stand der Pferdehändler mit der Schrotflinte vor ihnen. Ein großes Aufgebot an Polizisten wurde angefordert und umstellte schließlich den Stall. Durch ein Megaphon riet man ihm aufzugeben. Die Geschichte nahm ein gutes Ende, er trank sich Mut an, bis er einschlief und man ihm die Waffe abnehmen konnte. Der Amtstierarzt hätte ihn wahrscheinlich hinter Gitter bringen können, begnügte sich aber mit einem Tierhalteverbot.

Ein anderes Mal war der Mann in eine Dorfschänke gegangen und hatte mit einer Eisenstange alles kurz und klein gehauen. Die Polizei wurde von Gästen gerufen und kam, als er gerade mit seinen »Aufräumarbeiten« fertig war. »Wir hatten noch eine alte Rechnung offen«, gab er den Beamten zur Antwort, als sie ihn fragten, was das hier solle. Scheinbar schien dies auch zu stimmen, denn der Wirt weigerte sich beharrlich, ihn anzuzeigen, und gab stattdessen zu Protokoll, dass der Schaden mit seinem Einverständnis angerichtet worden sei. Völlig verrückt. Und das mit achtzig Jahren! Ich glaube, bei manchen Alten kommt irgendwann der Punkt, wo ihnen alles egal ist. Zumindest die Regeln unserer Gesellschaft, frei nach dem Motto: »Das Gesetz bin ich.«

Ich setzte mich auf die warme Motorhaube meines Autos und hörte der Frau des Viehhändlers aufmerksam zu. »Ein alter Kumpel von ihm hat neulich aus Holland angerufen, aber der Franz wollte mir nicht sagen, was sie da verhandelt haben. Jedenfalls hat er sich gestern Morgen aus dem Haus geschlichen, ist mit dem Auto nach Holland gefahren und hat im Kofferraum zwölf Collie-Welpen mitgebracht. Alle viel zu jung, ohne Papiere und natürlich ungeimpft. Aber wirklich süß. Ich wüsste gerne, wie er die über die Grenze gebracht hat. Aber dem ist ja alles zuzutrauen ...«

Sie zog sich eine alte Holzkiste heran und setzte sich vor mich. Die fleckigen Hände lagen ineinander verkrampft in ihrem Schoß, ein zerknülltes Taschentuch darin zu einem Ball geformt.

»Tja, und gestern Abend ist er dann zusammengebrochen. Sie haben ihn mit Herzflattern ins Krankenhaus eingeliefert und die wollen ihn noch die ganze Woche zur Beobachtung dabehalten. Aber so wie ich ihn kenne, ist er morgen wieder hier. Oder er stirbt.«

Sie räusperte sich und zupfte ihre Kittelschürze zurecht.

»Der alte Dickschädel! Ich hab's ihm gleich gesagt! Herr Doktor, glauben Sie mir, ich bin schon per »Sie« mit meinem Mann. Wir steh'n kurz vor der Scheidung. Wirklich. Ich mach das nicht mehr länger mit. Kommen Sie, ich zeig sie Ihnen ...«

Wir gingen gemeinsam in den nahe gelegenen Stall hinüber. Er war dunkel und roch schimmlig. Den Hundchen schien es trotz allem bestens zu gehen, die Frau hatte sich offensichtlich gut um sie gekümmert. Sie kamen freudig auf mich zugelaufen und leckten meine

Hände zur Begrüßung ab. Ein Wunder, nachdem, was sie bis hierher schon alles durchgemacht haben mussten.

»Ich wollt eigentlich in meinem Alter lieber mal ins Schwimmbad oder meine Ruhe haben, jetzt renn ich schon wieder rund um die Uhr wegen der Hunde. Meinem Mann wollte ich im Krankenhaus schon richtig die Meinung geigen, aber er hat gleich kalte Schweißausbrüche gekriegt. Da hab ich den Mund gehalten und bin wieder gegangen.«

Sie tat mir wirklich leid. Doch gleichzeitig fragte ich mich, warum Tierärzte eigentlich so oft als Eheberater missbraucht werden ...

»Sie können sich doch in dem Alter nicht mehr scheiden lassen, wenn sie's so lange schon mit ihm ausgehalten haben. Das macht man einfach nicht«, sagte ich mit schrägen Mundwinkeln. »Versöhnen Sie sich mit ihm, wer weiß, wie lange er noch lebt. Wir schicken ihm das Veterinäramt auf den Hals, sobald er wieder fit ist. Die schneiden ihm mal richtig die Nägel und geben dem Knauser ein Busgeld. Ich versuche inzwischen jemanden für die Welpen zu finden. Wäre doch gelacht, wenn es da niemanden gäbe. Mir fallen auch gleich schon ein paar Namen von Leuten ein, deren Hunde ich in letzter Zeit einschläfern musste. Die nehmen bestimmt den einen oder anderen. Wenn jemand anruft, verlangen Sie nicht zu wenig, Sie wissen ja: Was nichts kostet, ist nichts wert.« Aber ich dachte sofort, meinen tollen Rat könnte ich mir bei einer Viehhändlerfamilie sparen. So leid sie mir tat, auch sie hatte es manchmal faustdick hinter den Ohren. Da könnte ich ein paar nette Anekdoten dazu erzählen ...

»Nehmen die vielleicht noch eine alte Frau mit dazu?«, fragte die Frau des Pferdehändlers und ich sah an ihren Augen, dass sie ihren alten Humor schon wiederhatte.

»Mit diesem Beruf kannst du überall überleben«

»Ich fand die Tiermedizin immer sehr interessant, habe sie aber nie geliebt. Vor allem wollte ich nie im Kästchen Tierarzt enden – ich wollte immer mein eigenes Ding machen. Mit allen Konsequenzen. Aber der Beruf ernährt Dich überall.« Wer so denkt, stößt zweifellos irgendwann an gesellschaftliche und private Grenzen. So erging es Dr. Jeffrey, einem erfolgreichen englischen Kollegen, der tatsächlich alle Konsequenzen zog und ein Leben am Rande der Gesellschaft wählte.

Als mir ein südafrikanischer Freund erzählte, er habe mal bei einem Tierarzt gearbeitet, der fast zwanzig Jahre um die Welt gesegelt sei, war meine Neugier sofort geweckt. »Was macht der heute?«, wollte ich wissen. »Weißt du was?«, fragte Erwin, »Warum besuchen wir ihn nicht einfach? Ich habe ein Boot an der Algarve liegen, da können wir wohnen.«

Wir buchten die Flüge und machten uns auf, um »Jeff« gemeinsam in Portugal zu besuchen.

Erwin hatte dort unten einen kleinen, alten englischen Sportwagen direkt am Hafen geparkt, zu dem ließen wir uns bringen, gingen hinüber zur Anlegestelle, warfen dort die Reisetaschen in sein Boot und machten uns gleich auf zu unserem Kollegen. »Ich denke, wir werden ihn in seiner Werft finden, ich wüsste nicht, wo er sonst sein sollte.« Keine zwanzig Minuten später standen wir vor einer riesigen Wellblechhalle, die wohl Jeffs Werft darstellte. Wir gingen hinein, kletterten über Kisten und Eisenteile, umrundeten Holzstapel und fanden den Mann schließlich an einer Werkbank. Er begrüßte Erwin freundschaftlich, und mir war schnell klar, dass sie gute Freunde waren. Nach ein paar ziemlich britischen Bemerkungen über den Zustand des Wetters und seine Bedeutung fragte er, warum wir gekommen seien. »Ich habe ihm von dir erzählt«, sagte Erwin. »Weißt du, er ist Tierarzt, aber er schreibt auch. Hat gleich die Ohren gespitzt und gesagt, dass er dich kennen lernen möchte. Nun, und hier sind wir ...«

Ich grinste etwas verlegen, zuckte die Schultern und bat Jeff, ein bisschen aus seinem Leben zu erzählen.

»Wow, ein Interview!«, erwiderte dieser und kokettierte ein wenig mit seiner Verlegenheit. »Da gibt's eigentlich nichts Aufregendes.« Er kochte auf einem kleinen Regal umständlich Kaffee, verteilte die dampfenden Tassen und begann schließlich doch zu erzählen.

Vor vielen Jahren – er sei heute einundsechzig Jahre alt – hatte er in Edinburgh, also in Schottland Tiermedizin studiert, siedelte dann aber nach England über, wo er promovierte und wissenschaftlich arbeitete. Ein schwerer Unfall veränderte alles für ihn. Er kündigte, verkaufte seinen Besitz und ging in die Vereinigten Staaten. Hier arbeitete er zunächst in verschiedenen Kliniken und eröffnete schließlich in Kalifornien ein eigenes Hospital.

»Ich habe nicht schlecht verdient zu dieser Zeit«, sagte Jeff und nahm einen Schluck Kaffee. »Nach einigen Jahren lernte ich einen Kollegen kennen, der mich zu einer Fahrt auf seiner Segeljacht überredete.« Er sei so begeistert gewesen, dass er beschloss, sich ein eigenes Boot zu kaufen. »Aber sie wollten eine halbe Million Dollar für so ein Boot haben, wie ich es mir vorstellte.« Er kaufte also die Baupläne für eine Jacht und begann, das Schiff mit Hilfe einiger Freunde selbst zu bauen. »Weißt du, einmal hat mir ein Bekannter erzählt, seine zwei Brüder seien auch Tierärzte. *One is dead and the other is in practice*★. Ich weiß nicht, warum er mir das erzählt hat, aber es hat mir lange zu denken gegeben.«

Als Jeff das Boot schließlich fertiggestellt hatte, verkaufte er seine Praxis und ein weiteres

Mal seinen gesamten privaten Besitz. Nur die Katze, die nahm er mit: »Ich dachte, eine Schiffskatze muss man einfach haben. Aber ich hatte später noch genug Ärger wegen ihr ...« Er hatte genug Geld, um eine Zeit überleben zu können. Meine Frage, ob er den »Ausstieg« nie bereut habe, beantwortete er spontan mit »Nein! « »Der Beruf des Tierarztes ist ein harter Job. Man muss sechsundzwanzig Stunden am Tag für seine Kunden da sein, und klappt mal was nicht so toll, dann kriegst du einen Tritt in den Allerwertesten.«

Eines Morgens stach er also in See. Es sollte für lange sein, doch dass es fast zwanzig Jahre werden würden, war ihm bis dahin noch nicht klar gewesen. »Ich habe mich vor allem im Pazifik herumgetrieben, habe mal hier, mal dort gearbeitet, meistens im weitesten Sinne als Tierarzt. Mal habe ich auf einer Insel ein Rinderzuchtprogramm aufgebaut, mal Vertretungen in Tierarztpraxen übernommen. Mal ging's um Tierschutz- und Entwicklungshilfeprojekte für die Engländer, mal habe ich als Handwerker beim Schiffsbau geholfen. Eine Weile habe ich einen Hotelkomplex geleitet, die hatten dort keinerlei Fachkräfte und nahmen fast jeden. Ach, und ich war der Segelberater bei dem Film »Bounty« mit Mel Gibson, Anthony Hopkins und Liam Neeson; ich hatte sogar eine kleine Nebenrolle. War wirklich cool ...«

Für einen Augenblick hing Jeff seinen Gedanken nach, dann nahm er einen weiteren Schluck aus der Tasse.

»Du siehst, einen Job findet man immer. Und zum Überleben ist unser Beruf überall gut. Aber ich war auch sehr sparsam: Ich habe so im Durchschnitt von dreitausend Dollar im Jahr gelebt. Es gab ziemlich oft Fisch zu essen«, sagte er schmunzelnd.

Vor elf Jahren habe er dann seine Frau kennen gelernt, mit der er die nächsten Jahre auf dem Boot verbrachte. Man müsse sich schon gut verstehen, um es lange auf so engem Raum zusammen auszuhalten.

»Nach und nach entdeckte ich die Schwachstellen an meinem Boot und träumte davon, das perfekte Boot zu bauen. Doch dafür fehlte mir eine Menge Wissen.« Jeff begann also ein Fernstudium an einer europäischen Universität: Schiffsdesign. »Ich hatte immer diese Vision vom perfekten Katamaran vor Augen. Auf den imaginären Kriegsschiffen, die wir für die Schule konstruieren mussten, hätte ich nicht fahren wollen. Ich habe unterwegs auch für andere Boote konstruiert, sozusagen als Übung.« Vor ein paar Jahren segelten seine Frau und er nach England, um ein paar Dinge zu erledigen. Auf dem Rückweg gerieten sie in einen fürchterlichen Sturm. Doch obwohl sie den Hafen erreichten, wurde das Schiff im Sturm zerstört. »Ich denke, wenn man sich aus der Gesellschaft ausklinkt, muss man auch konsequent sein. Man darf sich nicht irgendein Hintertürchen offen halten. Ich hatte also weder für mich noch für mein Boot eine Versicherung abgeschlossen. Alles war futsch. Wir mussten von vorne anfangen.«

Jeff begann nun wieder als Assistent in einer Tierarztpraxis, zunächst in Spanien, später dann in Portugal zu arbeiten. Als er etwas Geld gespart hatte, eröffnete er wieder eine Kleintierklinik, diesmal in Portugal. »Obwohl die Praxis in Lagos war, kamen Leute aus Lissabon und halb Portugal zu mir. Anfangs waren es viele Engländer und Deutsche, doch schon bald kamen auch die Einheimischen.« Er nutzte in diesen Jahren seine Freizeit, um den »Katamaran seiner Träume« zu konstruieren. »Vor drei Jahren habe ich gleichzeitig mit zwei anderen, denen ich die Baupläne verkauft hatte, angefangen, das Boot zu bauen. Letztes Jahr habe ich die Klinik verkauft, es war zu wenig Zeit zum Bauen übrig geblieben. Die anderen sind schon fertig.«

Wir stellten die Tassen beiseite, und Jeff führte uns auf seinem Boot herum. Es war ein riesiger Katamaran mit Küche, Schlaf- und Badezimmern, Büro, Esszimmer und Navigationsraum. Obwohl noch nicht alles fertig war, war ich überwältigt: So groß und geräumig hatte ich es mir nicht vorgestellt! Wie zwei Einfamilienhäuser standen die beiden Schiffsrümpfe vor uns. »Und du hast das alles selbst gemacht?«

»Nun«, antwortete er, »den Kühlschrank nicht, aber sonst so ziemlich alles.« Jeff zeigte auf seinen Gehilfen, der gerade Schubladen hobelte. Etwas weiter lag der Motor, den er irgendwo ausgebaut und überholt hatte. »Ich habe auch eine kleine Werkstatt eingeplant. Unterwegs kann man nicht so einfach die Pannenhilfe rufen.« Für mich ist es auch im Nachhinein unvorstellbar, so ein Boot nicht nur selbst zu entwerfen, sondern auch noch komplett selbst zu bauen!

»Diesen Sommer werden wir es fertigstellen und ein paar Monate Probe fahren. Nächstes Jahr laufen wir dann aus zur »letzten großen Fahrt«. Um mich mache ich mir nicht so große Sorgen. Sollte ich auf dem Boot ernsthaft krank werden, wird der nächste Hafen auf jeden Fall zu weit sein. Aber meine Frau kann es allein segeln und es ist so viel wert, dass sie – wenn sie es verkauft – mit dem Geld bequem ein neues Leben beginnen kann.«

Auf der Heimfahrt geht mir das alles durch den Kopf. Und obwohl es für mich ganz bestimmt nichts wäre, so zu leben, bin ich tief beeindruckt. »Aber«, denke ich, »ich hätte irgendwo in diesem Schiff noch eine kleine Tierarztpraxis eingebaut. Man weiß ja nie.«

* »in practice« bedeutet einerseits (als Tierarzt) »praktizieren« und andererseits »daran arbeiten«

Leben auf »Planet T«

Natürlich bin ich vor allem in unserer tiermedizinischen Welt zu Hause und gewissermaßen auch gefangen. Zum Glück habe ich aber auch einige »artfremde« Freunde, die mich da ab und zu aus meiner Welt herauseisen. Einer von ihnen, er heißt Wolfgang, hat den unaussprechlichen Beruf des Sommeliers, der barbarischerweise oft als Weinhändler verunglimpft wird. Wolfgang hatte eigentlich Architektur studiert, war dann jedoch zur Philosophie des Weines übergeschwenkt und hatte sich dort auch beruflich etabliert. Eines Abends rief er mich an und lud mich zu einem Vortrag ein. Das Thema, unter dem ich mir ungefähr genau soviel vorstellen konnte wie unter Wolfgangs Beruf, waren »Enneagramme«. Auch er wusste nicht recht, um was es geht, der Redner sei aber prima und »ein Freund der Familie«.

Im Nebenraum eines Restaurants hatten sich etwa sechzig Gäste eingefunden. Wolfgang bestellte einen französischen Wein. Die Nasenflügel meines Freundes bebten, als er an seinem Getränk schnupperte, einem »reichen, sinnlich nuancierten 2003er Merlot vom Castello delle Regine in Umbrien. Kräftiges Rubinrot, kräftiger Duft nach dunklen Kirschen, Kaffee, Schokolade, sehr dicht, konzentriert, große Struktur, voll und lang im Abgang«, lautete seine Diagnose. Ich schaute in die Augen der anderen Weintrinker, die zumindest so taten, als ob sie wüssten, was er meinte. Er hatte den Wein geliefert und offensichtlich waren viele der Gäste seine Kunden.

Wir erkundigten uns bei unseren Sitznachbarn, um was es da nun eigentlich bei dem Vortrag ginge. »Irgendwas Psychologisches«, erfuhren wir relativ konkret. »Aber wir kennen ihn schon lange ...« Aha.

Der Redner wurde als Professor einer technischen Universität in Norddeutschland vorgestellt, er lehre Maschinenbau, habe sich daneben aber diesem Thema, dem Ennea-

40

gramm verschrieben. »Oh je«, dachte ich, »das werden Zahlenspielchen ...« Aber ich sollte mich täuschen.

Der Professor lächelte verschmitzt. »Enneagramme haben eine jahrhundertealte Tradition, es gibt sie im Christentum, in der Psychologie, in der Esoterik. Es handelt sich dabei um ein Einteilungssystem bestimmter Charaktere in neun Typklassen. Den Enneagramm-Typen entsprechen auch spezifische Arten, die Welt wahrzunehmen und zu beurteilen. Jeder der neun Typen ist überzeugt, dass seine Wahrnehmung die »richtige« ist und nimmt an, dass auch alle anderen Menschen von derselben Wahrnehmung der Welt ausgehen.« Wolfgang schaute mich kurz an und ich wusste, dass das nichts für einen Skeptiker wie ihn war. Doch allein die Tatsache, dass sich ein Maschinenbauer mit so einem Thema beschäftigte, hielt uns auf den Sitzen. Der Redner legte zunächst einige Grundlagen dar, stellte dann die einzelnen Typen der Reihe nach vor. »Den Typ 8, genannt »der Boss« erkennen Sie schon, wenn er zur Tür hereinkommt. Er handelt aus dem Bauch heraus, beschützt die Schwachen und bekämpft die Starken.« Er nannte Stärken und Schwächen dieses Typus, was er brauche, was ihn fertig mache. Nun folgte »der Dynamische«. »Das ist der, der alles tut um des Erfolges Willen, das Ideal des amerikanischen Mitarbeiters.« Bald waren »der Skeptiker«, »der tragische Romantiker«, »der Denker« und einige andere an der Reihe. Plötzlich merkte ich, dass es immer stiller im Saale wurde. Einer nach dem anderen hatte sich offenbar wiedererkannt. »Würden uns die anderen auch erkennen?« Dort an der Tafel stand, wie wir wirklich sind, wo wir stark sind, aber auch was uns verletzt.

»Ich muss dazusagen, es gibt hier keine Wertigkeit, alle Menschen sind, wie sie sind. Diese Eigenschaften sind angeboren oder erlernt und über wir habendie Jahre hinweg gelernt, damit zu überleben, auf unsere Art Sicherheit zu erlangen. Wir können uns nicht in einen anderen Typ verwandeln. Und der Typus hat extreme Auswirkung auf die Sicht des Lebens. »Der Boss« kommt herein und sucht zuerst einmal den ebenbürtigen Gegner, »der Pessimist« schaut, warum er Grund hat, nicht alles so gut zu finden.«

Plötzlich entbrannte eine intensive Diskussion. »Wenn das stimmt, könnte man seine Mitarbeiter danach zusammenstellen!« »Wenn das stimmt, kann eine Psychotherapie nicht funktionieren. Wir fallen ja sowieso früher oder später in unseren Typ zurück.«

Ein junger Mann erhob sich. »Das heißt dann doch, dass jeder seine eigene Sichtweise hat und auf seinem eigenen Planeten lebt!« Der Professor strahlte. »Schön, dass und wie Sie das sagen. Ja, wir leben alle auf unserem eigenen Planeten. Und es wurde tatsächlich schon versucht, Mitarbeiterteams anhand von Enneagrammen zusammenzustellen. Aber der Witz ist, dass gerade die Vielfalt und die Widersprüchlichkeiten zum Beispiel von »Boss« und »Denker« ein riesengroßes Potential bergen!«

»Sie sind Tierarzt«, sprach mich plötzlich eine Dame an. »Das ist ja ein lustiger Beruf. Meine Schwiegertochter hat erzählt, es gebe in Butzbach sogar einen Veterinär, der Mäuse kastriere.« »Ja,«, antwortete ich etwas zögerlich, »das bin wohl ich, den Sie da meinen.«

Nun, denke ich, es lebt wohl wirklich jeder auf seinem ganz eigenen Planeten ...

Wintergrippe

Es ist schwer zu glauben, aber es gibt im deutschen Fernsehen tatsächlich Sendungen, wie »Deutschlands dümmste Autofahrer«, »Deutschlands witzigste Unfälle« oder »Deutschlands dümmste Diebe«. Wie man sich das so vorstellt, werden da dann wirklich schlimme Sachen gezeigt. Zum Beispiel wie Kinder kopfüber Abhänge herabstürzen, Autofahrer in Karambolagen schwerstverletzt ihren Tod finden. Wenn man's recht bedenkt, eigentlich gar nicht lustig. Im Gegenteil. Oder: »Deutschlands krasseste Streithähne«. Es drängt sich unweigerlich die Frage auf, für wen nur diese Sendungen gemacht sind.

Ich lag mit einer Grippe im Bett und mir blieb nicht viel anderes übrig, als mir im Fernsehen mal zeigen zu lassen, was unsere Mitmenschen so alles interessiert. Was mögen das auch für Redakteure sein, die diesen Schwachsinn moderieren? Geißeln sie sich abends nach der Sendung und rufen bei jedem Schlag: »So wollte ich nie werden!«?

Ich liege also von der Grippe geschwächt und der Menschheit enttäuscht im Bett und mache mir an der Schwelle zu fiebrigen Träumen über solche Dinge Gedanken. Überlege noch einmal: »Wer sind diese Leute? Wo leben sie? Gibt es sie wirklich?« Und plötzlich überwältigt mich die Erkenntnis: »Mensch, so einer war doch letzte Woche erst in meiner Sprechstunde!« Und da verstehe ich plötzlich alles. Ich könnte auch so eine Sendung moderieren: »Deutschlands blödeste Ausreden, nicht bezahlen zu müssen!«

Drehort wäre eine Tierarztpraxis oder ein x-beliebiger deutscher Handwerksbetrieb.

Szenario:

Ein mit Zuschauern überfülltes Wartezimmer, an den Wänden Plakate der Sponsoren für Herztabletten, Diätfuttermittel und Flohtropfen. Ein Einpeitscher klemmt hinter der Rezeption und liest die Witze aus einer Fachzeitschrift für Tierärzte vor, um das Publikum schon mal richtig in Stimmung zu bringen.

Ein bekannter Moderator hält ein Kärtchen in der Hand und stellt den ersten Gast vor. Herein kommt eine Frau mit strähnigen Haaren, sie ist sehr ungepflegt, hat jede Menge Blech im Gesicht und es geht ein starker Geruch nach Katzenurin von ihr aus.

»Also, ich bin Katzenzüchterin. Ich mach das immer so: Ich ruf in der Praxis an, frag, ob ich auch per Rechnung bezahlen kann. Sagt der Tierarzt: *Nein*, dann sag ich: *Ich bring dann das Geld gleich mit*. Mach ich natürlich nicht. Aber das erfährt er erst nach der Behandlung.«

Schallender Applaus aus dem Publikum. Der Moderator fragt, wie oft man das denn machen könne. Sie lacht.

»Neulich hat's einer geschafft, mir fünfzig Euro abzuluchsen. Beim nächsten Mal hab' ich gesagt, ich hätte für die Katzenwelpen schon Käufer. Ich sag also: Ich kann die Katzen nur geimpft verkaufen. Ich bring Ihnen dann gleich am Montag das Geld. Versprochen!«

Die Spannung im Wartezimmer steigt. Die Katzenbesitzerin grinst, steigert durch eine etwas zu lange Pause ganz bewusst die Spannung.

»Sie werden's nicht glauben. Er hat sie geimpft!«

Ihr triumphales Lachen wird von frenetischem Beifall begleitet.

Nun kommen noch weitere Tierbesitzer herein, passende Musik. Eine Frau platzt gleich mit einer Geschichte heraus. Sie habe sich eine Nummer auf den Arm tätowieren lassen. Wolle jemand Geld, nehme ihr Mann ihn beiseite und erzähle über ihre Jugend im KZ.

»Dafür bin ich natürlich viel zu jung, wir gehören eh nicht zu so 'ner Gruppe von damals. Aber es klappt immer ...«

Der Applaus hält sich diesmal in Grenzen, das Thema scheint heikel. Schlecht von den Redakteuren ausgewählt, das hätten sie eigentlich wissen müssen.

Ein dicker Mann meldet sich jetzt zu Wort, er kann kaum vor Empörung an sich halten. Die Atmosphäre im Wartezimmer knistert vor Spannung.

»Da ruft doch tatsächlich der Tierarzt bei uns an, um zu fragen, wo die Kohle bliebe. Meine Frau war am Apparat, sie hat gleich auf laut gestellt. Und er erzählte ihr, worum es ihm gehe. Da sagt meine Frau: Das ist ja wirklich eine Schweinerei, gerade, wenn die Kosten noch im Notdienst entstanden sind. Von ein Uhr nachts bis vier Uhr morgens operiert, das find' ich wirklich toll von Ihnen! Und dafür berechnen Sie auch noch so wenig Geld! Großartig von Ihnen, ehrlich. Aber so leid's mir tut: Das war nicht mein Mann! Wir haben gar keinen Hund!«

Tobender Applaus. Gut ausgesucht, gut recherchiert, bravo! Der Dicke wischt sich den Schweiß von der Stirn. Er geht vor Stolz noch etwas in die Breite. Seine Bulldogge ebenfalls.

»Das beste war beim Fäden ziehen ...«

Nun kullern dem Mann auch noch die Tränen vor Lachen.

»Da hab ich gesagt, er soll die Rechnung machen und ich würde das Geld zu Hause gleich überweisen. Und ich hab' ihm sogar noch 'ne Packung Vitamintabletten aus dem Kreuz geleiert!«

Das Publikum klatscht und trommelt mit den Füßen, Totale des Moderators, er schaut lächelnd in die Kamera, chancenlos, gegen das begeistert lärmende Publikum anzusprechen. Er schiebt seine Karteikarten zusammen, knöpft das Sakko zu, der Abspann beginnt. Der Lärmpegel wird etwas heruntergefahren, der Moderator bedankt sich für die Offenheit der betroffenen säumigen Zahler und kündigt schon mal die nächste Sendung an.

»Liebe Zuschauer, wir sehen uns dann morgen Mittag wieder. Wir haben diesmal Betroffene für Sie eingeladen, die es geschafft haben, mehr als fünf Jahre ohne Unterbrechung keine Miete zu bezahlen und die dann im Nachhinein noch Mietminderung herausgeklagt haben!«

Lautstärke hoch, Musik an.

Ende

Ich lehne mich fiebrig erschöpft in die Kissen zurück. »Die armen Schweine«, denke ich. »Da zahlen sie schon keine Miete und der lausige Vermieter kommt noch nicht mal der Verpflichtung des Mieters zum regelmäßigen Renovieren nach! Die armen Leute. Man hat's schon schwer, wenn man nicht bezahlen will ...«

Für die Schönheit leiden

Hatte ich mich als Kind noch für unsterblich gehalten, wurde ich meiner eigenen Vergänglichkeit neulich nur zu gewahr.

Eine meiner liebsten Kundinnen – sie betreibt mit ihrem Gatten ein Fitnessstudio – überreichte mir wortlos eine Gratis-Zehnerkarte für ihre Sportstätte. Und nachdem sie mich einen Augenblick eingehend gemustert hatte, eine weitere. Dann setzte sie ein sonniges Lächeln auf, so, wie ich das auch von mir selbst kenne, wenn ich vorsichtshalber zur »Tagesordnung« übergehe. Aber das »Geschenk« hatte gesessen und arbeitete natürlich während der gesamten verbleibenden Sprechstunde in mir.

Sollte ich fett geworden sein? Litt ich an »Hüftgold«? Hatte ich etwa einen »Spiegeleierbauch«? Oder vielleicht von den Hormonen im Bier geformte Brüste?

45

Ein kurzer selbstkritischer Blick vor dem Zu-Bett-Gehen in den Spiegel bestätigte den unheimlichen Verdacht: Auch mein ehemals athletischer Körper begann sich in der Mitte zu weiten! Ich drehte mich kokett hin und her, doch hatte sich da ein waschechter Rettungsring breit gemacht, ließ sich nicht mal mehr durch geschicktes Einziehen des Bauches oder Weiten des Brustkorbes wegmogeln.

»Warum schaust du dir's nicht wenigstens mal an?«, fiel mir denn auch meine Frau in den Rücken. »Und ich kenne zwei Kollegen aus der Kreisstadt, die auch dorthin gehen −, so schlimm kann's also gar nicht sein …!«

»Na gut«, dachte ich bei mir und beschäftigte mich bald in meinen Träumen mit der Materie. Es stünde mir sicherlich ganz gut, mich mit gestähltem Waschbrettbauch der Öffentlichkeit am Baggersee zu präsentieren. Leicht gebräunt, satt geölt.

So betrat ich eines Nachmittags das Sportstudio, willens, meinen Körper zu formen, meine Muskeln zu modellieren, meinen gesunden Geist in einen gesunden Körper zu verpacken.

Unsere Kundin empfing mich an der Rezeption mit strahlendem Gesicht. »Haste dich also tatsächlich hierher getraut, das ist ja toll.« Auch ihr Bulldoggenrüde schien mich begeistert anzugrinsen. Obwohl, mit seiner Figur könnte ich also immer noch … Zugegebenermaßen war allerdings sein Brustkorb tiefer und breiter. Aber einen solchen Nacken? Der Hund schüttelte klatschend seine Lefzen und trollte sich dann.

»Jedenfalls, hier bin ich«, gab ich grinsend zurück. »Was soll ich tun?«

Sie taxierte mich einen Moment und holte eine Schieblehre hervor, mit der sie meinen Bauchspeck maß. Sie klemmte dafür eine Hautfalte in das Instrument und erklärte mir: »Wenn's bis zu drei Zentimetern sind, dann ist das noch ok. Ab fünf Zentimetern braucht's eine Jahreskarte, ab zehn ist Fettabsaugen billiger …«

Mir schossen Tränen in die Augen. »Das ist ja hier wie bei den Schlachtschweinen!«

»War nur ein Witz«, gab sie lachend zurück, hab ich mal irgendwo gelesen. Sie klopfte mir auf die Schulter und gab mir kurz und bündig den Befehl zum »Spinning«.

Ich wollte ihr gerade schlagfertig entgegnen, von wegen »ich spinne«, nur weil ich hergekommen sei, da zog mich ein Trainer mit sich in den Nebenraum. Hier saßen etwa fünfzehn geschundene Fünfundvierzigjährige auf Zimmerfahrrädern. Auch ich bekam eins zugeteilt und begann zu strampeln. Wir wurden angefeuert, versprühten lächelnd gute Laune, Musik gab den Kick und alle schienen höchst motiviert. Mal schneller, mal langsamer bemühte ich mich, mit den anderen Schritt zu halten, wenigstens fiel es ja nicht auf, dass ich − rein theoretisch − längst um einige Kilometer hinterherhinkte, als der Trainer den Endspurt einleitete. Mein glückseliges Lächeln war längst zu Eis gefroren, als man mich nach einer dreiviertel Stunde schließlich völlig erschöpft aus dem Raum trug.

»Das nächste Mal«, sagte meine Wohltäterin, »probierst du's mal mit Rope-Skipping …«

Na, das hörte sich doch irgendwie schon viel besser an.

Drei Tage später erschien ich in einer neuen Turnhose, meine alte Adidas aus dem Schulsport wollte ich doch lieber versuchen, bei ebay als Antiquität zu versteigern. Immerhin war es das Original aus schwerer Baumwolle. Und diesmal lernte ich, dass es sich bei Rope-Skipping um das gute alte Seilhüpfen handelte. Freilich mit kugelgelagerten Hightechseilen und antitranspiranten, geruchsneutralisierenden haftsaugenden Griffbeschichtungen. Ich spürte eine gewisse Sicherheit, hatte ich es doch lange Jahre im Boxclub für Studenten erfolgreich praktiziert. Aber irgendwie musste ich wohl auch hier jämmerlich ausgesehen haben, denn man reichte mir nach der Stunde einen »Fatburner«. Erschrocken las ich auf dem Etikett, dass es sich hierbei um L-Carnitin handelt, das Pülverchen, das ich immer einem Hundebesitzer für seinen überfetteten Dackel »Effe« verkaufte.

»Aber gut«, dachte ich, »man muss auch einstecken können.«

»Nächstes Mal geht unser Doktorchen dann zum Bodystyling!«

Mir schwante Fürchterliches. Was sich bald bitterlich bewahrheiten sollte. So suchte ich mir denn mein Plätzchen in der letzten Reihe einer Gruppe gertenschlanker Hausfrauen. »Warum bist DU denn hier?«, fragte ich eine gutaussehende Dunkelhaarige. »Ich muss was gegen meine Reithosen tun«, gab sie selbstbewusst grinsend zurück. Ich schaute an ihr herab und sah, dass ihr knackiges Hinterteil nicht in einer Reithose, sondern in einer eng anliegenden Leggins steckte. »Machte sie sich über mich lustig? Alles Idioten hier.« Egal, es ging los! Jede(r) hatte zwei winzige Hanteln in den Händen und wir bewegten uns und turnten wild zu rhythmischer Musik. »Uuund halten ... uuund halten ...« sang die Ausbilderin. Denen wollte ich's natürlich zeigen. Von Rindergeburten gestählt, nahm ich mir zwei »Männer«-Hanteln. Und bereute es schnell. Meine Arme wurden länger und länger, die Schultern verkrampften sich, der Nacken wurde hart wie ein Holzscheit. Am liebsten hätte ich mich einfach fallen lassen, schmerzverzerrt, mit Schaum vor dem Mund. »Erstickungstod durch Deo-Wolken-Vergiftung.« Aber ich hielt durch. Immerhin hatte ich – beugten sich meine Kolleginnen nach vorne – von da hinten einen wunderbaren Ausblick auf jene symmetrischen, überaus reizvollen Tätowierungen über dem Slip-(String-)Bund, die allgemein als »Arschgeweih« bezeichnet und so wohl irgendwann in die An(n)alen eingehen werden. Augenscheinlich hatten die einheimischen Tätowierer alle die gleiche (oder ähnliche) Vorlage benutzt ...

Die Damen nahmen mich nach dem Training äußerst besorgt unter ihre Fittiche und unterhielten mich bei einem weiteren »Fatburner« mit Geschichten über ihre gescheiterten Ehen. »Wie Männer aussehen, ist eigentlich nicht so wichtig ...«, trösteten sie mich, beklagten sich aber bitter, dass meine Geschlechtsgenossen nicht bereit seien, »Verantwortung« für die Früchte ihrer multiplen Ehen zu übernehmen. »Dem Georg geht's genauso«, gelang es mir in einer zufälligen Atempause einzuwerfen, doch man nahm mich nicht weiter wahr und hatte längst das Thema gewechselt.

»OK«, sagte ich zu meiner lieben Kundin, »habt ihr denn nix für Jungs hier?« Sie vertraute mich wissenden Blickes Carl an, einem jungen blondierten Hünen mit rasierten Beinen, Armen und wohl auch Brust. »Na, Dickerchen«, begrüßte er mich jovial, »hast ja Muskeln wie Regenwürmer! Haha! Aber so haben hier auch ein paar andere angefangen ... Jetzt machen wir dich erst mal ein bisschen frisch, und dann geht's richtig los!« Seine

Oberarme waren dicker als meine Schultern breit, für seine Brustmuskulatur reichte allenfalls Körbchengröße »D«. Ich verkniff mir vorsichtshalber die Frage, ob er an der unteren Hälfte seines Körpers erst im nächsten Jahr zu arbeiten beabsichtige. Er ließ mich vor einem riesigen Spiegel Hanteln stemmen, ich zog an Geräten, bearbeitete meine Rücken- und Bauchmuskulatur, Glutaeus, Biceps, Triceps, Trapezius. Durchaus erstaunlich, wo man so alles Muskeln hat! Fünfzehnmal heben, Pause, fünfzehnmal heben, Pause, fünfzehnmal heben. Pause. Nächste Übung, gleiches Muster. Fünfzehnmal heben, Pause, fünfzehnmal heben, Pause, fünfzehnmal heben. Pause. Nächste Übung, gleiches Muster. Gellende Schreie aus der Langhantelecke, stiernackige Kolosse trainierten für einen Wettkampf. Irgendwie konnte ich mir nicht recht vorstellen, für diese Übungen über längere Zeit die Geduld aufzubringen.

Nun, ich muss gestehen, auch nach dieser Runde war ich etwas frustriert. Existentielle Fragen türmten sich über mir auf wie dunkle, unheilverkündende Wolken. »Würde ich je so verknittert aussehen wie die »Spinner«, je solche Brustmuskeln haben wie mein Freund Carl? Könnte auch ich irgendwann mit Armen rechnen, die wie Schweinehälften aus meinem Trägershirt quollen? Was würde meine Tierarzthelferin sagen, wenn ich mich in der Praxis über eine Katze beugte und sie sähe mein behaartes »Arschgeweih« über einem String?«

Doch meine Liebste überredete mich zu einem »letzten Versuch«.

Und als ich dieses Mal die Muskelschule betrat, erwartete mich eine freudige Überraschung: Meine lieben Kollegen Rudolf und Martin saßen am Tresen, beschienen von milder Abendsonne. Ich zog mir schnell die Trainingssachen an, schwang mich lässig auf einen Hocker und wir klagten unser Leid über Beruf und Leben, bestellten eine Runde »Fatburner« und schauten meinen Freundinnen aus der Hausfrauengruppe beim Bodystyling zu. So ließ es sich leben!

»Was machst du eigentlich hier?«, fragten sie mich nach einer Weile. »Du bist doch verheiratet, da kann's dir doch eigentlich egal sein, oder? Bei uns ist das ja was anderes. Wir sind schließlich noch auf dem freien Markt ..., und die Konkurrenz ist verdammt hart!«

»Mit Bauch wirst du mich niemals sehen«, rief Rudolf empört. »Da würd ich lieber wochenlang nix mehr essen! Freie Jagd hin oder her ...« Ich bestaunte anerkennend seinen fast flachen, stark eingezogenen Bauch und bemühte mich, seine Selbstzufriedenheit zu relativieren. »Ich hatte früher auch einen Waschbrettbauch«, sagte ich zu ihm. »Aber ich hab ihn mir mit körpereigenem Fett aufspritzen lassen. Es hat mich irgendwie gequält, dass die Frauen immer nur meinen Körper wollten ... Dir muss es ähnlich ergangen sein?« Rudolf schaute mich mit zusammengekniffenen Backen an. »Haha.«

»Das kenne ich«, fügte Martin hinzu und gab ein weiteres Evergreen hinzu. »Ich wollte früher immer wie Schwarzenegger aussehen. Aber als ich's dann geschafft hatte, dachte ich, nö, lieber doch nich ...«

Bald orderte ich eine weitere Runde und zeigte aufs Etikett des »Fatburners«. »Wisst ihr, dass ich dieses Zeug hier in meiner Tierarztpraxis an dicke herzschwache Dackel verkaufe?« Ein anderer Athlet wurde hellhörig. »Habe isch des gerade rischdisch verstanne? – Habbt ihr filleischd auch noch was anneres zu verkaauve? Isch mein was des wirkt?« »Ja klar«, gab ich zurück. »Abbe vorsischdisch: Wenn sich deine Hormonlage ändert, werden deine Freundinnen gleich viel fruchtbarer ...«

Wir lachten viel, während sich eine gepflegte Stammtischatmosphäre entwickelte.

»Und beim nächsten Mal«, verabschiedete ich mich gutgelaunt nach so einigen Drinks mit einem Schulterklopfen von den Leidensgenossen, »bearbeiten wir dann die Bauchmuskeln!«

»Ich glaub', du gehst jetzt lieber«, ermunterte mich Rudolf.

Also, wenn ich gewusst hätte, dass Fettverbrennung so viel Spaß macht, dann wäre ich schon früher mit den Jungs hierher gekommen. Und beim nächsten Training will ich mal sehen, ob's den »Fatburner« auch mit Bieraroma gibt. Wär doch eine gesellige Alternative, oder?

Man muss ja schließlich an sich arbeiten!

»Du hast ja 'n Lassie!«

»Da war er noch ganz klein, als er und ich in einer Wohngemeinschaft lebten. Meine Mitbewohnerin saugte gerade in unserem Wohnzimmer Teppich und Boden, als Basti zu ihr kam und ihr irgendwas vor den Staubsauger warf. Sie wollte es zunächst einfach wegsaugen. Weil sie jedoch ziemlich kurzsichtig war, hat sie dann doch die Brille aufgesetzt und genauer hingeschaut. Da, vor ihr sprang zappelnd unser Goldfisch auf dem Teppich herum! Er musste aus dem Aquarium gesprungen sein, der Basti hatte ihn ganz vorsichtig ins Maul genommen und vor sie hingelegt. Sie hat den Fisch dann noch abgewaschen und ins Aquarium zurückgeworfen. Als ich nach Hause kam, hat sie mich mit »Du hast ja 'n Lassie-Hund!« empfangen. »Der hat g'rade dem Goldfisch das Leben gerettet!« Der Fisch hat dann noch fast zehn Jahre gelebt.« Pia ist Krankenschwester, wahrscheinlich kommt sie deshalb mit dem fünfzehnjährigen Dalmatiner und seinen Zipperlein so gut zurecht. »Er hat so allerlei. Mit Urlaub ist im Moment nichts mehr, den Hund kann ich keinem mehr zumuten. Irgendwann geht's uns natürlich allen mal so –, aber manchmal denk ich: *Pia, du bist auch 'n Lassie!*«

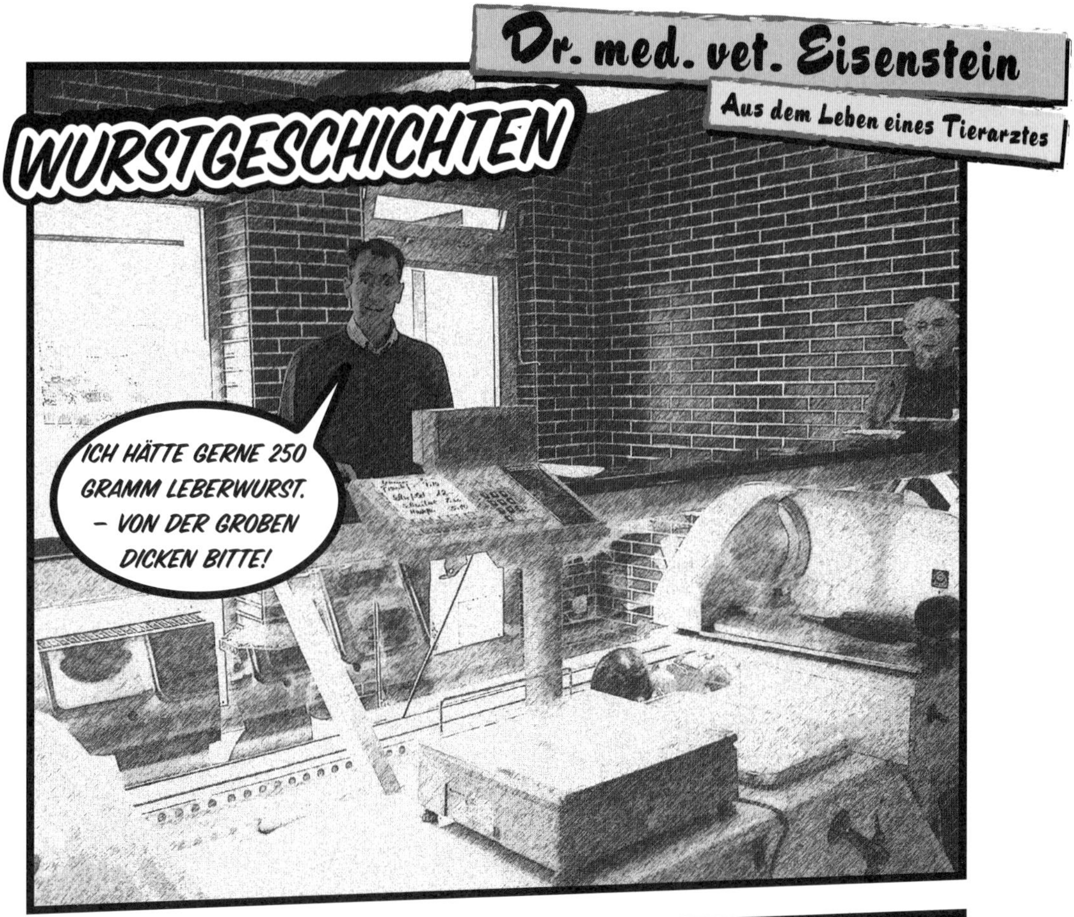

Einen Berg Kreppel …

… backen Tante Hilde und ihre Tochter Ingrid jedes Jahr für eine Faschingsgesellschaft. »Das Rezept nehm' ich unverännert seit 1950. Deshalb schmegge die auch so gud«, schwärmt die 83-Jährige. Die Worte »Kreppel«, »Kräppel« oder »Krapfen« stammen übrigens aus dem 8. Jahrhundert und bedeuteten ursprünglich »Kralle«. Die hessische Faschingsspezialität ist also nach ihrer Form benannt.

»Als wir 1932 zum ersten Mal Kreppel gebacken haben, da hab ich den fertigen Hefeteig zum Gehen in den Hof auf eine Bank gestellt und bin dann mal in die Stadt gegangen.« Hilde kam zwei Stunden später wieder, schaute aus dem Fenster und sah den Dobermann der Familie reglos unten im Hof liegen. Sie rief ganz außer sich nach ihrem Vater und rannte zu Bessy. Die Hündin lag flach auf der Seite, rührte sich nicht mehr. Bessys Bauch war stark aufgebläht und steinhart. Ratlos schaute sich die Familie um: »Was mochte das gewesen sein?« Da kam der kleinen Hilde plötzlich eine Idee. Sie ging zur Bank und schaute in die Schüssel. Und richtig: Bessy hatte einen großen Teil des rohen Hefeteigs verspeist!

Beim Erzählen streicht Hilde ihrem Mops über den Kopf und gibt ihm ein Küsschen auf die Stirn. »Wir waren damals alle sicher, dass es sie zerreißt. Aber auf die Idee, deswegen den Tierarzt zu rufen, wären wir niemals gekommen. Der hätte uns ja ausgelacht! Wegen einem Hund! Na ja, die Bessy hat dann drei Tage Durchfall gehabt, danach ging's wieder besser. Die Hunde haben damals irgendwie auch mehr ausgehalten …«

Tante Hildes Hund heißt Fibule und ist Französin. Mit ihren sechzehn Jahren hat die Hündin schon so einige Umzüge miterlebt.

Rezept

500 gr Mehl
100 gr Butter
100 gr Zucker
1 Tasse laue Milch
Backpulver oder Hefe
2 ganze Eier
2 Eidotter
Vanillezucker

Heute hier, morgen fort

Die »gute alte Gemischtpraxis«, in der der Tierarzt noch alle Tierarten, egal ob klein oder groß, mit gleicher Leidenschaft behandelt, wird regelmäßig und gerne von der Tierärzteschaft zu Grabe getragen. Der moderne Tierarzt ist hoch spezialisiert, etwa auf Augenerkrankungen, Pferdezähne, Tumortherapie, Naturheilverfahren oder das Management großer Rinderbetriebe. Das Wissen ist innerhalb der jeweiligen Disziplinen derart umfangreich geworden, dass die Zeiten des umfassenden Könnens vorbei sind. Und obwohl auch ich mich in einige Spezialgebiete eingearbeitet habe, muss ich ein Geständnis machen: Ich liebe gerade diese gute alte Gemischtpraxis. Denn mal unter uns: Gerade die Vielfalt der Tierarten und ihre Besitzer machen die besondere »Würze« des Berufes aus.

Und so antiquiert diese Leidenschaft vielleicht auch ist, so antiquiert sind obendrein auch noch einige meiner Lieblingskunden: Im Stall von Horst ein paar Wildschweinmischlinge, auf seiner Weide zwanzig schottische Hochlandrinder, hinterm Haus praktisch wild eine bunt zusammengewürfelte Herde Schafe. Nicht zu reden von den Kaltblutpferden, die der »Landwirt« noch selber fährt. Und auch nicht zu reden von dem Geflügelhof, der der ganze Stolz der »Landwirtin« ist. Sich selbst würden diese beiden übrigens nur ungern als »Landwirte« oder »Bauern« bezeichnen. Einmal fragte ich, was sie denn eigentlich für einen Beruf hätten. SIE überlegte lange reiflich. ER hielt sich für einen Kaufmann. (Ich ihn jedenfalls für einen schlechten.) Ihr fiel erst mal nichts Rechtes ein. »Früher hab ich mal Kunst studiert, anschließend Chemielaborantin gelernt. Du fragst auch ein Zeug …«

Horst erzählt dann, dass er als Kind im Bergwerk war. Und Schädlingsbekämpfer. »Mit Ätznatron krieg ich alles gabudd.« Später Bundeswehr. Ich würde seinen Lebenslauf nicht als lückenlos bezeichnen. Den Hof der Eltern übernommen, mit paarundzwanzig was auf dem Bau gelernt, später im Bergwerk geschuftet. Dann Heizungsbau und Elektro. »Ich kann alles. Deshalb haben die mich ja auch so gerne bei der Legion genommen. Sabotageeinheit. Was haben wir alles gesprengt!« Seine Augen leuchten. »Das erzähl ich dir a anneres Ma …«

Wir gehen in den Stall, da ist ein Kälbchen eingesperrt, das braucht erst mal seine Aufbauspritze. Kurze Allgemeinuntersuchung, der Nabel, die Gelenke alles ok. Diese regelmäßigen nachgeburtlichen »Aufbauspritzen« haben mehr rituellen Charakter: Multivitamine und etwas Homöopathisches zur Steigerung des Immunsystems. Einmal habe ich es nicht gemacht, da ist das Kalb gleich darauf gestorben. Als wir das Kalb jetzt zurück auf die Weide zerren, kommt die Kuh, sie ist sauer. Wir springen schnell über den Zaun. Horst hustet ein paar Brocken Teer hervor. »Mit der muss ich auch mal »die Kur« machen. Früher ging das so. Dein Vorgänger, der hat denen immer erst mal eine Narkosespritze gegeben, dann war'n die ganz brav und ich bin damit den ganze Daag spaziern gegange. Abends warn mer dann Freunde.«

Er wirft seinen glimmenden Zigarillo ins trockene Gras und wir gehen ums Haus zur komplett gefliesten Doppelgarage. Da haben mittlerweile Johan aus Schlesien und Gerd, der dicke Hausmetzger, ein Schwein geschlachtet. Es hängt vor der Garage am Frontlader des alten Traktors. Gerd spielt ganz gut Akkordeon, er war früher mal Alleinunterhalter (bevor er in die »Industrie« gegangen ist). Manchmal nehme auch ich mein Akkordeon mit dorthin, dann musizieren wir zusammen im Schlachthaus. Das hat eine wirklich tolle Akustik. Ich singe dann »Heute hier, morgen dort«. Mit Inbrunst. Als diesmal Dieter, der Weltreisende, dazukommt, wird es langsam etwas lockerer, er rezitiert etwas mit »Kuddel Daddeldu«. Der Dieter war mal Perlentaucher auf Ceylon damals. Hat übrigens auch mal eine Prinzessin geheiratet. Fast jedenfalls. Immerhin hat sie ein Kind von ihm, das haben sie im Urwald »gemacht«. Eine Indianerprinzessin und ein Sohn waren's. Doch doch, dass der von ihm war, ist sicher, schließlich hat er hellblaue Augen gehabt ...

Nach der Fleischbeschau gibt's noch einen schwarz gebrannten Schnaps, das ist Tradition. Was ich natürlich kategorisch ablehne: »Tut mir leid, Leute, ich muss noch arbeiten!«
»Ach komm, Hoffmännsche –, du bist doch mit dem Audo da. Da brauchsde doch noch nedd e ma laafe.«

Wer kann sich solchen Argumenten entziehen?

Nach ein paar Schnäpsen versucht Johan dann verzweifelt, irgend einen Hit aus der alten Heimat zum Besten zu geben. Ich weiß nicht, wie er singt, wenn er nüchtern ist –, betrunken jedenfalls ziemlich laut.

Wenn ich glücklich und zufrieden nach getanem Tagewerk nach Hause komme und meiner Frau ganz beeindruckt von dem Gehörten berichte, fragt sie mich immer: »Du glaubst doch wohl nicht etwa den ganzen Schwachsinn?«

Ich ärgere mich jedes einzelne Mal über solch rüde Angriffe auf diese sagenhaften Abenteuer. »Ob ich das glaube? Darum geht's doch gar nicht! Tolle Geschichten sind's allemal. Und stimmen könnten sie immerhin auch noch ...!«

Und ich weiß mal wieder: In keinem Beruf erlebt man so aufregende Geschichten wie in der guten alten Gemischtpraxis.

Hausbesuche

Das Wetter der vergangenen Monate erinnert mich oft an mein Praktikum in Irland. Ständig Regen, schlammig aufgeweichte Böden und bei vielen Hausbesuchen eine Tasse Kaffee oder Tee mit Keksen. Und obwohl wir in letzter Zeit sehr viel zu tun haben, versuche ich mir manchmal ein wenig Zeit zu nehmen. Ich habe dann meine Kamera dabei, einen ziemlich großen Apparat mit großen, altmodischen Filmen. Er hat keinerlei Automatiken, sodass man alles mit der Hand mesvsen und einstellen muss. Das ist zugegebenermaßen ziemlich umständlich. Ich habe entgegen dem digitalen Trend so ein »unpraktisches« Gerät gewählt, weil es meinen Fotomodellen sehr nahe kommt. Ich fotografiere die alten Bauern im Stall oder bei der Hausschlachtung und höre mir so einige Geschichten von ihnen an. Dann steige ich in meinen alten Jeep und fahre über schlammige Feldwege zum nächsten Schaf, zu einer Fleischbeschau oder zu einem Kleintierbesuch und höre entweder die nächste Geschichte oder erzähle selbst die Anekdote vom letzten Hof –, oft mit neuen Namen ausgestattet, um niemanden in eine peinliche Situation zu bringen.

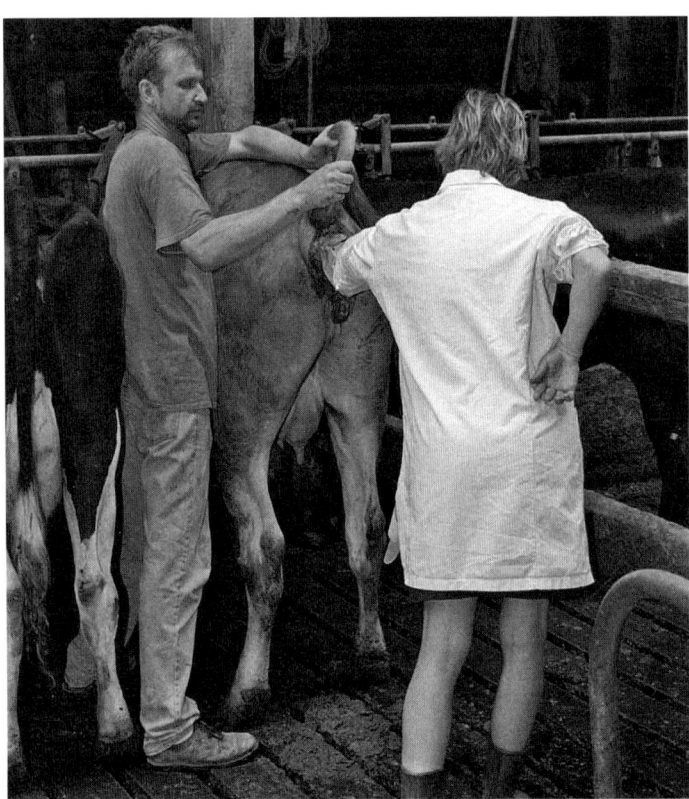

Hausschlachtung

Man kann da übrigens auch was lernen. Bei Reinhold Richter zum Beispiel schlachtet immer ein wirklich alter Metzger. Er muss mindestens achtzig sein und jedes Jahr bin ich von neuem erstaunt, dass er noch lebt. Und dabei sieht man ihm das Alter auch wirklich an. Immer hat er eine neue Geschichte auf Lager. »Ihre Vorgänger«, erzählte er mir einmal, »also vor dem Krieg mein' ich jetzt, die waren noch richtige Respektspersonen. Nix gegen SIE. Aber die sind immer im schwazze Anzuch gekommen. Mir Buben mussten dann die Säu hochhalten, damit der Vetrinär sich nich bücken mussd. Ganz feine schwazze Schuh hat der angehabt. Und wenn mir nich schnell genuch waren, dann gabs ein Donnerwetter. Vor dem hat sogar de Meister Reschbeckt gehabt!« Ein Jahr später, ich habe noch nicht »Grüß Gott« gesagt, da erzählt mir der Alte, als hätten wir uns erst eine Woche zuvor zuletzt gesehen, wie es weiterging. »Bei einer Hausschlachtung – der Herr Veterinär ist damals immer mit so 'ner kleinen Kutsche mit 'nem Gäulsche vorne dran gekomme ...« Er nimmt mich am Arm, zieht mich zum Hoftor auf die Straße hinaus und zeigt mir wie zum Beweis einen eisernen, in die Hauswand eingelassenen Ring. »Da hat der des Gäulsche dran gebunne ... Also bei der Fleischbeschau, da schaut der das Schwein so an und sacht, das hätt Tuberkulose. Das war damals oft. Normal will ich nich sagen. Und dann sacht der: *Das ist untauglich für den menschlichen Genuss. Ich beschlagnahme es hiermit. Legen Sie mir die eine Hälfte hinten in den Wagen.* Der Bauer hat seinen Buben zugenickt und das halbe Schwein rausgetragen. Dann ist der Tierarzt aufgestiegen und heimgefahren. »Da is uns erst aufgefalle, dass der gar keine Lymphknode angeschnidden hadd. Es hat auch alles völlig normal ausgesehe. Die andere Hälft hat er hängen lasse. Und jetzt rade se ma, was der mit der Hälfte zu Hause gemacht hat ...! Der wird sich schön ins Fäustchen gelacht haben.«

Ich steige ins Auto, esse einen Apfel und lache noch auf dem ganzen Weg zum nächsten Patienten. »Das mit dem Beschlagnahmen werd ich auch mal probieren«, nehme ich mir vor ...

Natürlich verhüten

Doch auch Kleintierbesuche haben ihren Reiz.

Im Nachbardorf nehme ich meine lederne Arzttasche Modell »Hebamme« und öffne mir die Haustür selbst. Bei Gerhard soll ich mal nach den Welpen sehen. Er hat fünf Hunde und erzählt mir gleich, dass er seiner Frau noch einen Nackthund – oder besser gesagt einen Chinese Crested Dog gekauft hat. »Ein hochprämierter Zuchthund! Sie hatte schon einmal Welpen, die sind auch spitze, ich hab die Preise gesehen!« Gerhard lädt mich ein, mit in die Küche zu kommen, wo seine Frau mit dem Hund schon am Tisch sitzt. Während er mir einen Kaffee macht, schaue ich mir seine Frau und Süßi genauer an. Süßi ist schon süß! »So sitzt die den ganzen Tag da. Muss wohl frieren«, lästert Gerhard. Süßi sitzt auf dem Schoß von Gerhards Frau, unter ihrem Pulli zwischen ihre wahrhaft gigantischen Brüste gekuschelt und blinzelt mich verschlafen oben aus dem Pulloverkragen heraus an.

»Na«, sage ich grinsend, »da hast du aber mal richtig Geld ausgegeben, was?«

»Die war schon teuer«, sagt Gerhard, »doch es wird sich schnell rechnen ...«

»Schon gedeckt?«, frage ich erstaunt.

»Nein, ganz anders«, stöhnt der verzweifelte Hundebesitzer. »So wie Süßi hier unter Andreas Pulli liegt, so liegt bei uns im Schlafzimmer neben ihr –, manchmal unter ihrer Bettdecke, meistens auf meinem Kopfkissen! Und sobald ich mich daneben lege, pupst der Hund mir ins Gesicht! Ist das nicht ekelhaft? Das ist noch mehr, das ist wie ein Schlag ins Gesicht! Ich darf ja nix sagen ... Aber Süßi ist das beste Verhütungsmittel, das ich kenne! Was wir schon an Kondomen gespart haben ... In meinen schlaflosen Nächten hab ich's zigmal ausgerechnet. Vor noch 'nem Kind brauch ich in Zukunft keine Sorgen mehr zu haben!«

Ich klopfe ihm mitfühlend auf die Schulter und wieder auf der Straße freue ich mich schon auf die nächsten Tierbesitzer, denen ich von einer »ganz tollen natürlichen Verhütungsmethode« berichten kann.

Inseln im Strom

Weder meine Familie noch ich gehören zu den Frühaufstehern. Wir lassen 's eigentlich gerne langsam angehen, doch seit Einführung der Schulpflicht hat man es damit schwer. Und so bricht dann morgens eine gewisse Hektik aus, wenn wir uns – trotz der in der hiesigen Grundschule angebotenen Gleitzeit – wieder mal erst in letzter Sekunde auf den Schulweg machen. Noch der letzte Schrei, ob das Schulbrot gemacht ist, und dann los. Wir holen morgens einen Schulfreund ab, die Eltern haben aber für Verspätungen Verständnis, sie kommen selbst nicht rechtzeitig. Im Auto gibt es dann erstmal einschlägige Frühstücksgespräche. Die Jungs diskutieren ausgiebig über »Pupsen«, die Kleine kichert, bis die Fahrt an Schule und Kindergarten endet.

Nun folgen Hausbesuche bei den letzten Kleinbauern Hessens, Fleischbeschauen. Dann schnell nach Hause, da warten bereits die ersten Patienten auf ihre Operation.

Wir haben letztes Jahr die Praxis umstrukturiert, um mehr Ruhe zu haben: morgens nur noch Operationen und Fleischbeschauen, nachmittags nur noch Röntgen- und Ultraschalluntersuchungen und Sprechstunde. Statt mehr Ruhe zu haben, operieren und röntgen wir allerdings nun mehr, die Hektik ist nach kurzer Unterbrechung zurückgekehrt.

Doch im Spannungsfeld zwischen blutigem Vormittag und röntgenverstrahltem Nachmittag ist es uns gelungen, eine Insel der Ruhe zu installieren: das Mittagessen. Auf dem Heimweg von Schule und Kindergarten beginnt das Ritual mit der standardisierten Frage »Und, wie war's?«, worauf ich die (fast) immer gleiche Antwort »Schlecht!« erhalte. Das ist dann schon mal ein gutes Zeichen. »Und, was habt ihr gemacht?« »In die Hosen!« Nach wenigen Kilometern höre ich dann, mit wem sich unser Sohn heute wieder geprügelt hat; meist mit den Jungs, »die sich als Mädchen verkleidet haben«. Das sind seine Todfeinde.

Die armen Kerle müssen immer mit langen Haaren und indischen Pumphosen in die Schule gehen, was sie schon mit sechs Jahren zu Außenseitern in unserer Dorfschule gemacht hat. »Die lügen immer!«, stellt er fest. Unsere Tochter dagegen singt ihr Lieblingslied »Anneloh« (zu Hause begleitet sie sich selbst oft mit dem Kinderklavier dazu). Extrem laut, extrem falsch, aber selbst komponiert! Es ist sozusagen ein Lied, bei dem jeder mitsingen kann.

Wenig später die Frage: »Wo essen wir heute?« Im Gegensatz zu anderen Kindern (und uns) hassen unsere beiden McDonalds. All den klagenden Eltern kann ich nur eines raten: nicht Kindern verbieten, dorthin zu gehen, sondern sie dazu zwingen! Und so lange sitzen bleiben, bis die elenden Burger unten sind! »Keine Angst, wir kochen selbst!«, sage ich.

Endlich zu Hause holen sie sich Stühle an den Herd, nehmen Schüsseln und beginnen die Vorbereitungen für Apfelpfannkuchen: schnippeln, mischen, würzen, rühren. Während wir die Pfannkuchen dann so gemütlich backen, ich noch den Salat wasche, fangen die Kinder an zu erzählen, wie der Morgen wirklich war, was sie gelernt haben. Wir buchstabieren »Hund«. »Womit fängt Salz an?« Er zischt wie eine Schlange »ssssss ...« »Richtig! Und womit hört es auf?«

Beim Essen selbst erzählt unser Junge die neuesten Witze oder berichtet über seine letzten Erfindungen. Kommen Gäste, wird mir allerdings manchmal bewusst, dass wir echte Tierarztkinder haben. Denn auch sie frönen schon der schlechten Angewohnheit, Nicht-Tierärzten während des Essens Schauergeschichten über blutige Durchfälle und eitrige Wunden zu erzählen.

Um diese Zeit gehen wir mittlerweile auch nicht mehr ans reguläre Telefon, sondern nur noch ans Handy. Wer da anruft, hat meist tatsächlich ein Problem.

Das Schöne an unserem Beruf ist, dass man die Kinder immer dabei haben kann. Und meist sind auch die Kunden damit einverstanden, wenn Kinder bei der Behandlung ihrer Tiere anwesend sind – in unserer Praxis jedenfalls. Aber Ruhe und Zeit, nebenbei Fragen der Kinder zu beantworten, bleibt da natürlich nicht.

So haben wir eben diese »Insel im Strom des sehr langen Arbeitstages«, um wenigstens ein paar Stunden mit den Kindern zu sprechen, auf sie einzugehen, als Eltern gemeinsam für sie da zu sein. Ich glaube, man hat nur wenige Jahre, in denen die Kinder von uns Erwachsenen was annehmen, in denen wir ihnen Stärke geben können. Und es gibt wenig Zeit, in der wir Alten lernen können, sie zu verstehen. Auch zu verstehen, dass wir manchmal selbst über unseren Schatten springen müssen ...

Der Beruf des Tierarztes ist in der Regel von langen Arbeitszeiten und wenig Urlaub geprägt, doch gibt er uns die Möglichkeit, unseren Tag frei einzuteilen. Und um ehrlich zu sein: Es gibt wenig, das wichtiger sein könnte, als ein gemeinsames Mittagessen mit unseren Kindern!

O dieser Tannenbaum!

Während sie sich sonst jeden Abend vor dem Fernseher verhauen, sitzen unsere Kinder in diesen Tagen einträchtig am Esstisch: Philipp studiert seit Wochen Spielzeugkataloge und hat sich mittlerweile ungefähr fünfundsiebzig Wünsche notiert, Pauline sitzt daneben und verleimt altes Geschenkpapier mit der Tischdecke und meiner Lohnsteuerkarte zu Weihnachtssternen. Sie streiten sich nicht. Kaum jedenfalls.

Sehe ich meine beiden dann so in sich vertieft sitzen, geht mir manche weihnachtliche Geschichte durch den Kopf.

Vor vielen Jahren hatte sich der Kauf des Weihnachtsbaumes zu so etwas wie einem Ritual entwickelt: Spätestens vier Wochen vor dem Fest erinnerte meine Mutter für gewöhnlich den Stiefvater daran, doch bald einen Baum zu besorgen. Sie träumte davon, wie in ihrer Jugend so ganz gemütlich und in aller Ruhe bei selbstgebackenen Keksen und Liedern von Rudolf Schock den Christbaum zu schmücken. Und jedes Jahr bekam sie zu hören, der Stiefvater habe einen Freund und der habe ihm eine Edeltanne versprochen. Er wolle diese aber frühestens zwei Tage vor dem Fest schlagen, damit sie recht lange die Nadeln behielte. An besagtem Tag also erinnerte meine Mutter erneut an den Baum. »Ja, ja. Morgen hol' ich ihn!«, war die übliche Rede. Am Abend des folgenden Tages begann sie deutlicher zu werden, der erste Streit entbrannte. »Also gut, ich geh morgen früh gleich los.« Wir hatten zu dieser Zeit ein Geschäft für Uhren und Schmuck und der vierundzwanzigste Dezember war – ähnlich wie in unserer Tierarztpraxis heute – ein Knaller: Bis spät am Heiligen Abend kauften verzweifelte Ehemänner anstandslos die teuersten Ladenhüter, die wir zu bieten hatten. Es war folglich keine Zeit, den Baum zu besorgen. Gegen siebzehn Uhr drückte man mir dann zwanzig Mark in die Hand und schickte mich los. »Und kauf einen Schönen ...!«

Ich lief runter zum alten Viehmarkt, da waren viele Händler. Das Problem war allerdings, dass um diese Zeit alle Bäume bereits ausverkauft waren. Es lagen zwar noch einige herum, doch die waren schon bezahlt und warteten darauf, von fleißigen Familienvätern abgeholt zu werden. Irgendwo verkaufte mir dann doch noch jemand einen Baum und ich brachte ihn stolz nach Hause. Im Lichte des Wohnzimmers sah er dann aber leider anders aus als auf dem Markt. Er war ungefähr zwei Meter groß und hatte sieben Äste, an denen so wenige Nadeln waren, dass man sie hätte zählen können. Ein Besen wäre schöner gewesen. Nach schlimmsten Beschimpfungen nahm ich die Gartenschere, ging auf die Straße hinaus und schnitt ein paar Äste an der von der Stadtverwaltung aufgebauten Tanne ab. Die montierten wir dann gemeinsam (bei Keksen und Rudolf Schock) mit einem kleinen Handbohrer und Blumendraht an unsere Fichte. Schließlich hängten wir noch etwas »Engelshaar« daran, damit auch die letzten Astlücken geschlossen waren.

Bedauerlicherweise wiederholte sich diese Geschichte auch im folgenden Jahr. Aus Angst, erneut für das misslungene Fest verantwortlich gemacht zu werden, nahm ich mir aber vor, diesmal einen besseren Baum zu finden. Es war Heilig Abend, achtzehn Uhr zehn. Die wenigen noch vorhandenen Bäume auf dem Markt erinnerten mich schmerzlich ans Vorjahr. Ich erstand ein jämmerliches Exemplar. Doch da verfiel ich auf eine List: Ich schlich gebückt hinter Autos durch den tiefen Schnee, hielt mich im Dunkeln, kroch hinter eine Schneeverwehung. Im schwachen Laternenlicht sah ich einige wunderschöne, abholbereite Edeltannen liegen. Die stolzen Besitzer standen nicht weit entfernt und scherzten bei einem Schlückchen Glühwein. Ich arbeitete mich näher heran und zog unbemerkt ein besonders schönes Exemplar hinter eines der parkenden Autos, deponierte meinen »Besen« als Ersatz. Als ich sicher war, unbemerkt geblieben zu sein, rannte ich davon – den Baum im Schlepptau. Kaum war ich um die erste Ecke gebogen, hörte ich hinter mir die Schreie eines Mannes, man habe seinen Baum gestohlen! Jedenfalls, ich entkam, und nach einem ziemlich umständlichen Heimweg feierten wir eines unserer schönsten Weihnachtsfeste. »Und nächstes Jahr holst Du wieder so einen schönen Baum ...!«, lobte der Stiefvater.

Später hatte ich mich für viele Jahre geweigert, einen Baum in meiner Nähe zu haben. Heute muss ich den eigenen Kindern zuliebe natürlich einen solchen ertragen. Und eigentlich ist es auch ganz schön. Wir kaufen ihn bei einem Freund, der im Sommer mit Pferden und im Winter mit Bäumen handelt, und damit der Baum recht frisch bleibt, holen wir ihn erst zwei Tage vor Weihnachten ab. Mit uns sind dann noch zehn andere Familien im Gehölz mit Motorsägen am Werk, während unser Freund draußen Kinderpunsch mit Keksen serviert und aus seinem alten Kofferradio Rudolf Schock dudelt. Natürlich sind auch hier nur noch »Besen« übrig. Aber die Kinder setzen an die kahle Fichte Äste von Kiefer, Blautanne und Eibe an. Und ich muss sagen, einen ganzen Weihnachtsbaum selbst zu basteln, ist schon ein tolles Erlebnis!

Seit damals habe ich nie mehr gerne einen Weihnachtsbaum gekauft. Und bis meine Kinder alt genug sind, um einen zu besorgen, habe ich die Opas verdonnert, jedes Jahr für einen Baum zu sorgen. Und zwar rechtzeitig!

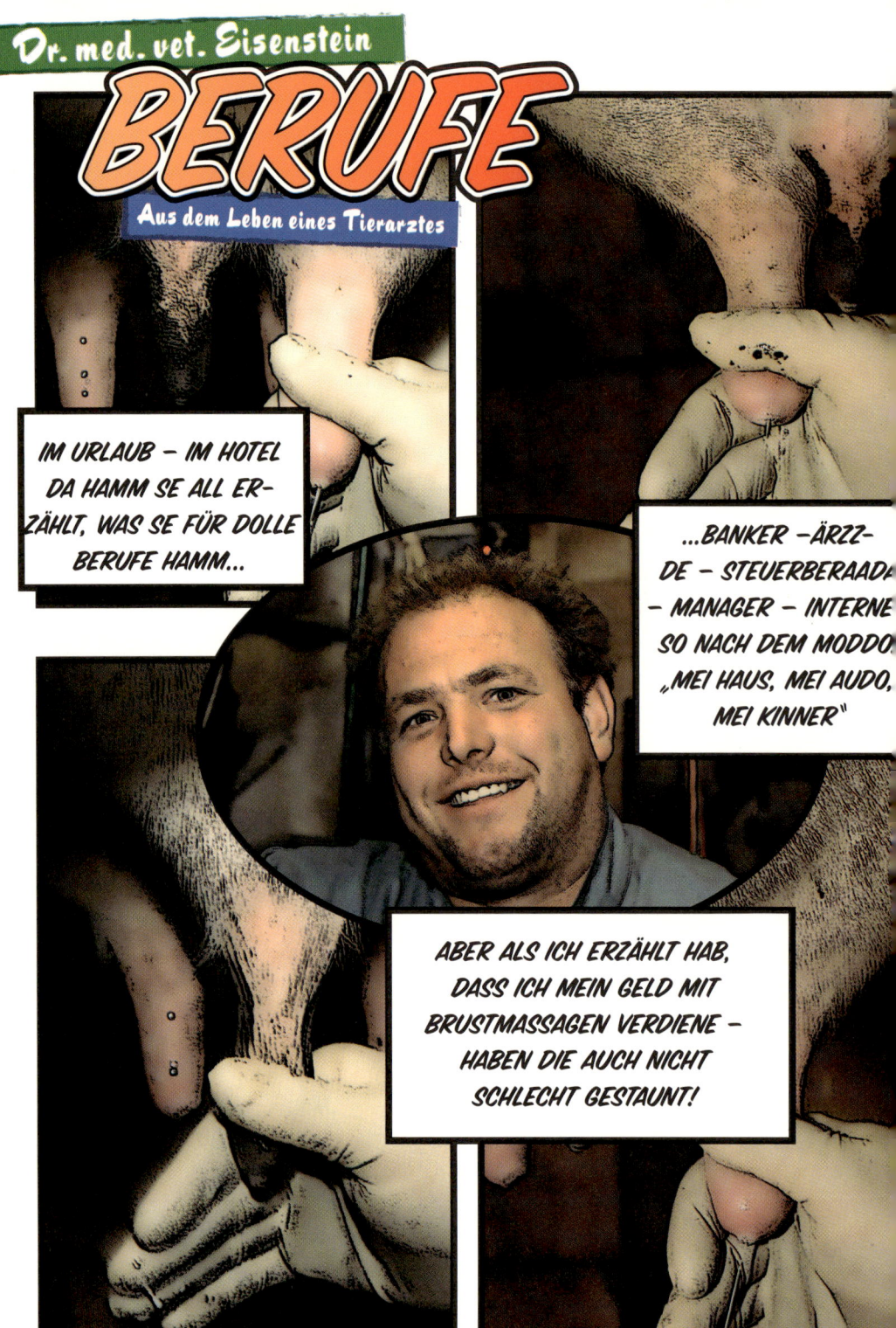

Dr. med. vet. Eisenstein
DER NATURPHILOSOPH

Aus dem Leben eines Tierarztes

AH, DOKKTER, ...

... SIE KOMME ...

...SPÄÄHD!

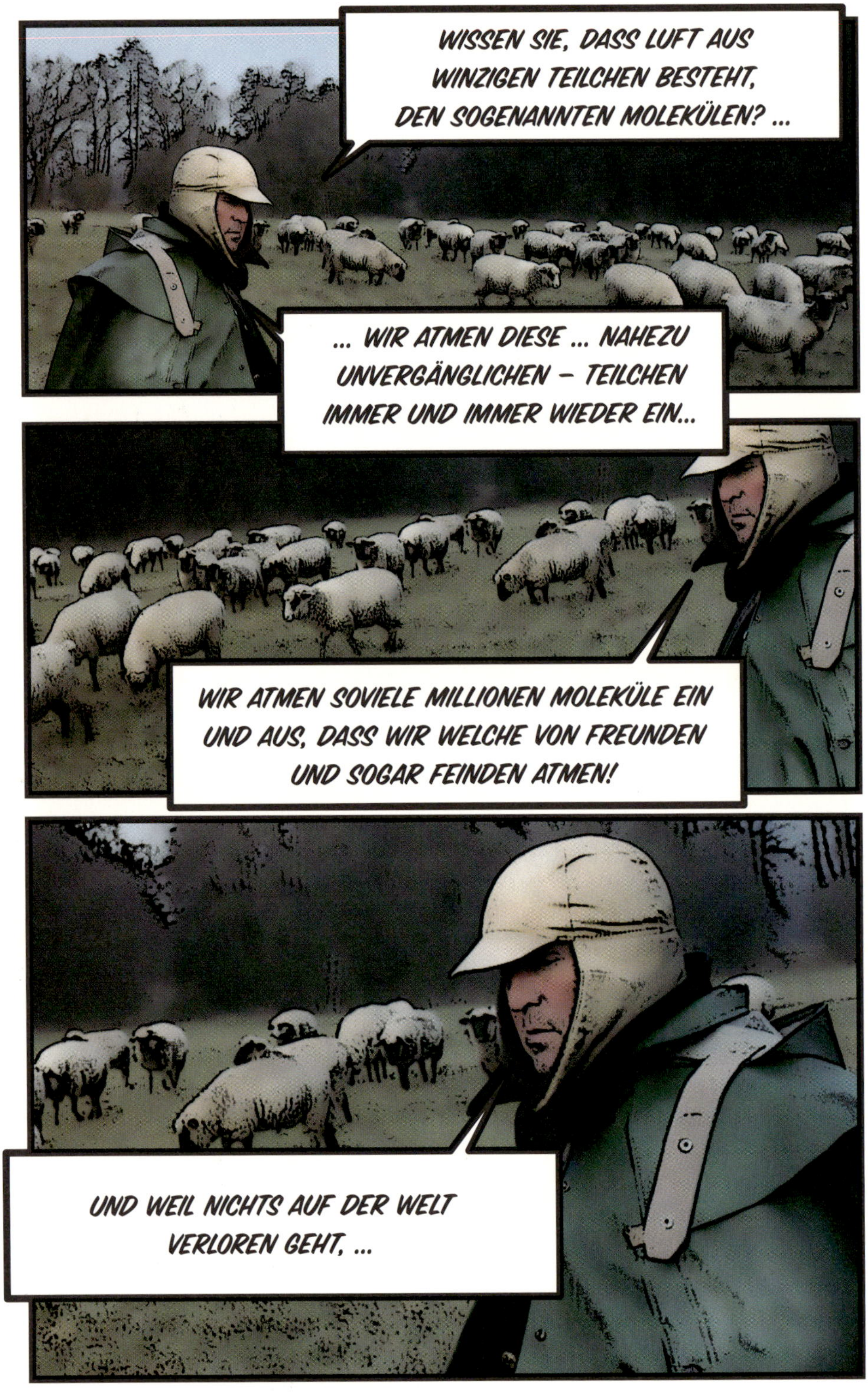

... ATMEN WIR SOGAR WELCHE VON UNSERER TOTEN OMA ODER VON PICASSO EIN ......

... ODER VON KLAUS KINSKI ...
... ODER JOSEF STALIN ...

ABER...
WENN MEINE THEORIE WIRKLICH STIMMT, STELLT SICH DIE FRAGE, WAS PASSIERT MIT MENSCHEN, DIE SEIT JAHREN KONZENTRIERT DIE MOLEKÜLE VON SCHAFEN EINATMEN?

Möpse zum Verlieben

Als der Tierarzt nach Hause kam, überraschte ihn seine Frau mit der Frage, wie es ihm denn gefiele, wenn fremde Leute anriefen und ihn nach den Möpsen seiner Frau fragten. »Nun«, sagte er, »ich wäre schon irgendwie stolz. Aber ich verstehe deine Frage nicht ...« Sie grinste hinterhältig und es war klar, dass Unheil in der Luft lag. »Ich habe mir zwei neue Möpse angeschafft.« Er musterte sie. »Das ist aber schnell gegangen. Und −, na ja, sagen wir unauffällig.«

Die Frau öffnete die Küchentür und ließ zwei wunderschöne kleine Möpse herein. Die beiden waren beige und wohl etwas älter als ein Jahr. „Mich hat letzte Woche eine Freundin angerufen und erzählt, dass die zwei dringend abzugeben seien. Die frühere Besitzerin habe plötzlich eine Allergie gegen Hundehaare entwickelt. Ihr Mann habe geschrien, wenn die nicht wegkämen, dann schlage er sie tot. Die Armen!«

Den Tierarzt überlief es kalt, er hasste diese schmalzigen Geschichten über Tierhaarallergien, ja, manchmal bezweifelte er sie sogar und fragte sich, ob es nur eine plumpe Ausrede war, um die Tiere reinen Gewissens abgeben zu können. »Ihr habt das also von »langer Hand« geplant ...«

Seine Frau schwenkte um: »Ich habe sie mir so gewünscht. Ich wollte doch schon immer ein bisschen züchten. Sie haben sogar Papiere!« Er beugte sich zu den Tieren hinab. »Na ja, sie sind schon süß. Haben sie schon Namen?«

»Sie heißt Luzy und er Paulo. Sie sind nicht verwandt, du musst dir also keine Sorgen machen.« »Da bin ich ja beruhigt«, gab er ironisch zur Antwort. Und mit der Intuition, wie sie nur Frauen eigen ist, wusste sie, dass er dem Charme ihrer Möpse bereits erlegen war.

Einige Monate später, Luzy war gerade zum zweiten Mal läufig geworden, erklärte seine

Frau den Kindern, dass es bald Hundebabys geben würde. »Wisst ihr, die haben sich ganz arg lieb. Und dann steigt der Paulo auf die Luzy und ein paar Wochen später kommen dann die Babys ...« Pauline, ihre kleine Tochter, schaute sie ungläubig an. »Und wer ist die Stute?«, fragte sie mit Tränen in den Augen. Die strengen Blicke der Tierärztin durchbohrten ihren Mann. »Ist mir da etwas entgangen ...?«

»Nun, ich hatte Pauline und Philipp neulich mit auf der Deckstation und sie fanden das irgendwie grausam, dass die Stute gefesselt war und wie der Hengst sie besprungen hat und ...«

Seine Frau schüttelte den Kopf und wendete sich verächtlich schnaubend von ihm ab.

»Oh, wie grausam können Väter sein? Bei Hunden ist das aber ganz anders«, versuchte sie vergeblich ihre Kinder zu beruhigen.

Wenige Wochen später waren alle Tränen vergessen, Luzy war kugelrund und die ganze Familie in heller Aufregung. Der Tierarzt hatte eigenhändig eine Wurfkiste gezimmert, die Kinder räumten eine Ecke in ihrem Zimmer frei und »Mutti« rührte schon kräftig die Werbetrommel. Sie hatten die Hündin mit Ultraschall untersucht und schätzten, dass sich wenigstens fünf Welpen in dem dicken Bauch tummelten. »Es könnten auch deutlich mehr werden. Und Schatz: Frag mich bitte nicht, ob es Männchen oder Weibchen sind!« Das war ein ständiger running-gag. Natürlich ist die Geschlechtsbestimmung, wie sie beim Menschen mittels Ultraschall vorgenommen wird, beim Tier unmöglich.

Die Wochen vergingen, der Hundebauch wurde dicker. Es schien alles seinen Gang zu nehmen, doch manchmal, wenn sie über die Welpen sprachen, wurde der Tierarzt so komisch. Dani hatte sich auch gewundert, warum er beim Nachfragen so stammelte und manchmal, wenn er sich unbeobachtet glaubte, vorwurfsvoll auf die Hündin einflüsterte. Sie vergaß in all der Aufregung ihre Beobachtung aber immer wieder. Wie freute sie sich! Fünf Baby-Möpse waren schon fest versprochen, sie würde mühelos fünf weitere verkaufen können. »Vielleicht«, so überlegte sie, »sollte sie eine zweite Zuchthündin kaufen.« Und von all dem Geld würde sie sich nächstes Jahr das ersehnte Cabrio leisten. Oder für die Hunde ein neues Sofa kaufen und im Wohnzimmer aufstellen.

Doch erstens kommt es anders und zweitens als man denkt. Die Hündin kam eines Nachts in die Geburt, Frau und Kinder hatten es sofort gemerkt. Die arme Luzy presste und presste, doch es kam kein einziger Welpe. Nach kurzer Untersuchung stellte der Tierarzt fest, dass die Welpen zu groß waren, er müsse einen Kaiserschnitt machen. Sie trugen die kleine Hündin in die Praxis, er gab ihr die Narkose und schon bald begann die Operation. Währenddessen stotterte er wieder so merkwürdig herum. Er eröffnete die Gebärmutter und holte vier dicke Babys heraus. Doch als seine Frau die Fruchthüllen entfernt hatte, fiel ihr zunächst auf, dass die Kleinen sehr hell waren, fast weiß. »Weißt du«, sagte der Tierarzt, »das ist bei den meisten Neugeborenen so. Ihre endgültige Farbe bekommen sie erst später …« Er nähte bereits den Bauch zu, als seine Frau wutschnaubend zurück in die Praxis kam: »Das hast du genau gewusst, du Schuft! Sie haben eine spitze Schnauze …!«

Er wandt sich wie ein Aal. »Also, da war Frau Schwarz mit ihrem Spitz Timmy in der Praxis und wir haben noch ein bisschen geplaudert. Und ich weiß nicht wie, er war jedenfalls in der Wohnung und als ich dazukam, hing er schon auf ihr …«

Als er mit der Operation fertig war und die Hündin zu ihren Welpen gelegt hatte, ging der Tierarzt geknickt zu seiner Frau: »Ich hab' mich einfach nicht getraut, es dir zu sagen. Aber sieh's doch mal so: Wenn jetzt jemand wegen der Hunde anruft, dann wird er sogar nach den »Spitzen-Möpsen« meiner Frau fragen! Das ist doch eigentlich noch viel besser …«

... Vater sein dagegen sehr

Wie viele andere Tierarztpraxen ist auch unsere ein waschechtes Familienunternehmen und darauf angewiesen, dass alle mithelfen. Und gerade daran werde ich besonders schmerzhaft erinnert, wenn mal einer von uns krank ist. Während meine Frau solche Situationen mit bewundernswerter Ruhe meistert, trage ich es wie ein Mann: mit tiefem Leiden nämlich. Bin ich selber krank, geht es ja noch. Doch liegt »die Chefin« danieder, wird es ernst. Denn zu meinen eigenen Pflichten wie der Kleintiersprechstunde, der Fleischbeschau, Versorgung der Hunde und eines Teils des Haushalts muss ich dann auch noch Großtierpraxis fahren und die Pferde versorgen. Und so ganz am Rande haben wir ja auch noch Kinder.

Die zahlreichen Schulungen, die ich zur Lebensmittelhygiene absolviert habe, haben meiner zarten Natur nicht eben gut getan. Meine ausgeprägte Furcht – und so ein bisschen Ekel ist auch dabei – vor allen den Menschen bedrohenden Krankheiten hat sich ins Unermessliche gesteigert. Ganz besonders haben es mir natürlich die Infektionskrankheiten angetan. Niemals hätte ich Humanmediziner werden können! Macht mir eine eitrige Beule beim Hund wirklich gar nichts aus, desinfiziere ich mir nach einem feuchten Händedruck meistens schon die eigenen Hände. Käme jemand zu mir, um sich die Analdrüsen behandeln zu lassen –, da darf ich gar nicht daran denken ...

Obwohl wir natürlich wie alle Selbständigen auch mit leichtem Schüttelfrost noch lachend in der Praxis stehen, hatte es neulich »die beste Ehefrau von allen« schlimm erwischt und die lieben Kinder und ich waren allein auf uns gestellt. Um der seuchenhaften Ausbreitung des Geschehens vorzubeugen, errichteten wir zunächst im ersten Stock eine Isolierstation. Die als »Schritt zwei« geplante Evakuierung der Kleinen zur Oma scheiterte daran, dass sie wissen: Wenn Mama krank ist, wird's richtig gemütlich.

So trugen wir die große Matratze aus dem ersten Stock hinunter ins Wohnzimmer, errichteten ein kuscheliges Lager vor dem Fernseher mit den Grundnahrungsmitteln (gelbe Limo, Würstchen, Milchfläschchen und Rotwein) und »Harry Potter« in greifbarer Nähe. Zu unserem großen Glück lief später noch ein amerikanischer Kitschklassiker mit Doris Day und Rock Hudson, sodass eigentlich nichts mehr schief gehen konnte. Bald waren die Kinder eingeschlafen, ich gönnte mir noch einen Schluck zur inneren Desinfektion und löschte das Licht. Und als ich gerade einen letzten liebevollen Gedanken meiner kranken Frau widmen wollte, da hörte ich ein tuberkulöses Hüsteln. Natürlich wusste ich gleich, dass es die Wolfshündin war. Die Arme hatte eine schwache Lunge, und noch bevor sie hustete, setzte sich bei ihr meist eine handfeste Lungenentzündung fest. »Das fehlte jetzt noch!« Gerne hätte ich es für die Nacht ignoriert, überlegte es mir nach ein paar Fußtritten der Kinder aber anders, stand auf, ging in die Praxis, spritzte dem Tier Kortison in die Vene und ein »hochwirksames Antibiotikum« in den Schenkel, wischte den blutig-eitrigen Auswurf auf und legte mich wieder in die Federn. Zugegeben, es fiel mir schwer einzuschlafen, das ständige Hüsteln war belastend und wenn ich tatsächlich eingeschlafen war, wachte ich bald darauf wieder auf. Und ich machte eine interessante Beobachtung: Hatten die Kinder beim Einschlafen noch rechts und links von mir gelegen, rutschten sie von Aufwachen zu Aufwachen im Uhrzeigersinn jeweils um etwa zwei »Stunden« weiter. Die quälende Frage, ob wir auf einer Wasserader lagen, gab mir zu denken. Nachdem die Kleine mich erstmals zu umrunden begann, sortierte ich die beiden einschließlich der Bettdecken neu und legte sie an die Startpositionen auf elf und ein Uhr zurück. Als ich erneut erwachte, lag eines der Kinder quer auf meinem Bauch, der Wolfshund röchelte in mein Ohr, ein Kleinhund belastete scheinbar meine Füße. Durch sanfte Tritte versuchte ich mich seiner zu entledigen. »Hartnäckig, der Kerl«, dachte ich noch. Irgendwann dann ein Wimmern. Oh je, das war wohl die Tochter auf 18 Uhr, zum Glück hart im Nehmen. Nachdem ich sie wieder auf ihre Ein-Uhr-Position verfrachtet hatte, teilte mir ein Metzger telefonisch mit, er sei jetzt »fertig«. »Jetzt ist schon alles egal«, dachte ich bei mir, füllte das Milchfläschchen, legte es aufs Kopfkissen, stürzte einen Kaffee hinunter und fuhr zur Metzgerei.

Als ich zurückkam, hörte ich bereits im Flur ein Kichern. So schlimm sich die Kinder streiten können, so gut können sie sich auch vertragen –, vorausgesetzt, es ist kein Schiedsrichter zugegen (»Das sag ich jetzt alles dem Papa!«). Die beiden saßen zusammen im Bett, rechts und links und quer über den Beinen ein paar Hunde, sie das Milchfläschchen in der Hand, er seine Cornflakes verteidigend. Im Fernsehen lief »Wicki und die starken Männer«. Leider musste ich dieses Idyll unterbrechen: »So, ihr Wickinger: Schule und Kindergarten! Mama ist krank und wir haben's ein bisschen eilig!« Murrend zogen sie sich an, putzten freiwillig die Zähne. »Wenn die Mama heute noch krank ist«, schlug die Kleine scheinheilig vor, »dann können wir ruhig wieder unten übernachten.«

»Ja, genau«, stimmte ihr Bruder zu. »Ich mach Telefondienst. Und wenn du heute Mittag operierst, dann assistiere ich! Wir könnten übrigens mal wieder was amputieren …!«

»Tja«, dachte ich auf dem Heimweg, »wir sind halt ein echtes Familienunternehmen. Nützt ja alles nix.«

Und tausendmal »das war´s«

Es war einmal …

Einmal, da kam die berühmte Opernsängerin, ihrer Taube ginge es so schlecht. Sie war unglücklich. »Wissen Sie, Herr Kollege, das sind ganz hochsensible Menschen, da müssen wir sehr vorsichtig sein«, sprach mein damaliger Chef. Ich weiß nicht mehr, woran diese Taube litt, sie ließ aber ganz schön das Köpfchen hängen. »Bitte tun Sie alles, was möglich ist … Geld spielt keine Rolle!« Und hinter einer Scheibe aus Milchglas führten wir eine Art indonesisches Schattentheater auf. Die Helden waren jedoch nicht aus Tonpapier, sondern aus Fleisch und Blut: wir drei Assistenten. »Holen Sie das Sauerstoffgerät …« »Beatmung …!« »Wo bleibt der Chef …?« »Henrik, mach' eine Herzmassage!« Einer von uns rief: »Herzmonitor!« Die Sängerin auf der anderen Seite der Tür. Außer ihr waren noch zwei Helferrinnen im »Zuschauerraum«. Es entwickelte sich ein Spiel am Übergang zwischen Traum und Wirklichkeit. Kurz überlegte ich, ob ich nicht eine Sprechrolle für die Taube einfügen sollte: (schluchzend) »Herr Doktor, dieser Schmerz! Oh, wo sind meine Kinder, ich wollte ihnen noch so viel sagen. Nein, lasst die Sängerin nicht hinzu, ihr bricht das Herz, sieht sie mein Leiden.« (mit tiefer Stimme) »Frau Taube, ich bin Doktor Mabuse, wir werden alles in unserer Macht Stehende tun, Sie haben mein Wort!« Auf einmal drückte die Taube den Rücken durch und man sah wie einen flüchtigen Schatten die Seele entschweben (in tiefer Dankbarkeit verweilte sie noch einen Augenblick über dem Haupt der Sängerin).

Es war einmal …

Einmal, da kam ein Ehepaar, sie hatten keine Kinder bekommen können. »Sie sind doch Mediziner, ich kann es Ihnen ja sagen.« Und die Dame hob den Rock und zeigte mir eine Narbe. »Ja, wir wollten es immer, aber das Schicksal hat es eben anders entschieden …«

Ich hatte den Termin für die Erlösung mit den beiden fest vereinbart. Nach langen nächtlichen Gesprächen hatten wir entschieden, dass es auch zur Tierliebe gehört, den lieben Mitgeschöpfen Qualen zu ersparen. »Wissen Sie, Herr Doktor, wir haben nichts unversucht gelassen. Ich habe schon damals im Restaurant geahnt, wie schwer dereinst der Abschied würde. Wir haben dieses verschreckte arme Kaninchen vor dem Kochtopf bewahrt und nun müssen wir es dem Tode doch übergeben. Es ist ja nie richtig zahm geworden, mein Mann musste immer die Lederhandschuhe anziehen, wenn wir es hochheben wollten. Niemand konnte doch ahnen, dass der gesamte Bauch bereits von Maden ausgehöhlt ist! Es fiel uns nur auf, dass das Tier immer dünner wurde … Und dieses komische schmatzende Geräusch.«

Es war einmal …

Es war ein junges Paar (jung, wie ich es heute sehe), beide Anfang dreißig, würde ich sagen. Sie hatten sich lange nicht zueinander bekennen können, da er noch sehr an seiner Ex-freundin hing. All die Jahre hatte sie darunter gelitten, ich meine, man fühlt sich irgendwie immer minderwertig, wenn man so verglichen wird. Ihre Haare …, die andere war so klug …

Doch der schleichende Tod hatte sie einander sehr nah gebracht. Dass der Kater irgend-wann an Leukose sterben würde, war ja klar –, aber dass es so lange dauern musste! So schrecklich mit anzusehen! Er legte eine Kassette in den mitgebrachten Kassettenrecorder: Totenlieder der Navajoindianer Neu Mexikos. Sie ließen die Jalousien herunter, zündeten in einer rituellen Schale Duftkräuter an, Kerzen. Ich ließ sie für vierzig Minuten allein im Röntgenraum, damit sie sich angemessen verabschieden konnten, behandelte so lange die anderen Patienten weiter. Ein Schüler im Wartezimmer sagte zu einem anderen: »Die kiffen da drin.« Schließlich gab ich dem Tier die Spritze ins Herz, die Atmung hatte eh schon aus-gesetzt. Wir öffneten das Fenster, um der Seele Raum und Zeit zu geben, mit der Ewigkeit eine Einheit zu werden.

Manchmal, wenn es ein paar Bier mehr waren und nur unter Freunden, gestehe ich, dass ich zuerst Pfarrer werden wollte. Dann werde ich meist ausgelacht.

Aber echte Freunde wissen: Wer Tierarzt ist, braucht alle Qualitäten!

Es trügt der Schein

Die Wochenenden meiner Assistentenzeit an der holländischen Grenze verbrachte ich zumeist mit dem Impfen von Kaninchen oder Tauben. Von den Züchtern wurde ich mit dem Auto oder – wenn ich auf den Inseln impfen sollte – mit dem Boot abgeholt und wir fuhren weite Strecken zu Sammelpunkten, an denen mich viele Züchter mit ihren Tieren erwarteten. Vor allem die Taubenzüchter haben mich fasziniert: Sie sprachen mit Ehrfurcht von bestimmten Züchtern, die viel gewännen, und einer war darunter, der verkaufte seine Vögel für 20.000 Euro, ja, und die Eier verschickte er bis Japan und Kanada. Ohne Schlupfgarantie! Einen Tausender das Stück. Na ja, die Japaner ... Und jeder erfolglose Züchter berichtete, dass er gute Tauben habe, aber bei denen, die immer gewännen, wisse man nicht ... Er hielte aber gar nichts von Doping im Taubensport, der müsste sauber bleiben!

Eines Nachmittags schickte mich Dr. B. ins Nachbardorf, um wiederum ein paar hundert Tauben zu impfen. Zunächst einmal ist es sehr schwierig, in Ostfriesland überhaupt eine Adresse zu finden. Abgesehen davon, dass Landkarte und Realität selten übereinstimmen, schien gerade für mich als »Süddeutschen« (Süddeutschland begann hinter Oldenburg!) kein System bei den Adressen zu bestehen. Dachte ich gerade »Ach, endlich die richtige Straße gefunden – noch ein paar Häuser, dann bin ich bei der richtigen Hausnummer«, da setzte einfach die Nummerierung aus, übersprang sechzig Nummern oder es begann eine neue Ortschaft. Selbstverständlich mit neuen Hausnummern und Straßennamen. Stadtplan zwecklos. Man musste dann auf einen Hof fahren und einfach alles durchsuchen, bis man jemanden fand und fragen. Ohne den Grund der Suche anzugeben, war die Fragerei natürlich sinnlos.

So ähnlich hatte ich also Herrn H. gefunden. Auf mein Klingeln öffnete eine zierliche Asiatin mit wunderschönen Mandelaugen und einem sanften Lächeln, die mich sogleich zu ihrem Gebieter führte. Wir gingen durch eine geschmacklos eingerichtete, aber blitzsaubere Wohnung hinaus in den Garten. Im Anschluss lag ein kleines Häuschen, das mich die junge Frau mit einer eleganten Geste aufforderte zu betreten. Schon an der Tür hörte ich lebhaftes Gurren.

Es war ein warmer Tag und der Taubenbesitzer war in seinem Taubenschlag, oben ohne, Badeschlappen und ekelerregend verschmutzte Jeanshosen an. Er war sehr klein und hatte eine fellartige Körperbehaarung. In dem kleinen Gebäude roch es zum Fortlaufen nach Vogelmist und ranziger Buttersäure. Herr H. gab mir die schweißige Hand und ich drängte, sofort mit dem Impfen anzufangen (wer früher anfängt ist auch früher wieder fertig). Ich impfte, so schnell er die Tauben fangen konnte, und wir begannen zu plaudern. Ich erzählte ihm, wie begeistert ich von der Akupunktur sei und wie verblüffend meine Erfolge seien. Irgendwann unterbrach er mich und sagte, dass das seiner Meinung nach nicht funktionieren könne. Er berichtete, dass er gelernter Starkstromelektriker sei, doch vor zwanzig Jahren habe er angefangen, sich mit der Fußreflexzonenmassage zu beschäftigen. Autodidaktisch, ob ich wisse, was das bedeute. Er stellte hahnebüchene Theorien auf, warum das seiner Meinung nach funktioniere, und nannte seine verrückten Ideen »wissenschaftlich« belegt. Ich wusste gar nicht, was ich sagen sollte.

»Na, das ist ja super …!« Natürlich war ich auch ein kleines bisschen gekränkt.

»Ja, junger Freund, da staunen Sie!«

Ich staunte weiß Gott! »Sie würden es nicht glauben, wenn ich ihnen erzählte, wen ich alles behandelt habe. Ein bekannter schweizer Politiker lässt mich zum Beispiel einmal im Monat nach Zürich einfliegen, damit ich seine Frau behandle.« Im Folgenden schilderte er mir etwa fünfundzwanzig Heilungen von den Ärzten Aufgegebener, bis ich begann, sogar die Tauben zu hassen.

Zurück in der Praxis erzählte ich fast unter Tränen meine Erlebnisse und musste mir auch noch Spott anhören.

Zwei Jahre später – ich arbeitete längst in Frankfurt – rief mich Dr. B. an, ob ich mich noch an den Namen meines Freundes mit dem Fell erinnerte. Ich muss zugeben, wenn mir etwas besonders verrückt vorkommt, notiere ich immer Namen und Telefonnummer, so auch in diesem Fall.

Die Geschichte war folgende. Die Tochter von B.s Haushaltshilfe hatte ein halbseitig gelähmtes Baby, das obendrein noch blind war. Sie sei mit ihm bei allen Spezialisten gewesen, keiner hatte helfen können. Nun musste ein Wunder geschehen. Mein Kollege hatte das Würmchen selbst in Augenschein genommen, es sei schlimm. Drei Wochen später rief er

mich ganz begeistert an: Herr H. habe sich gewunden wie ein Aal, seine Praxis sei eigentlich im Ruhrgebiet und in Ostfriesland wolle er seine Ruhe haben. Doch nachdem ihm die Sache berichtet worden war, erklärte er sich einverstanden, das Kind zu behandeln. Dr. B.s Haushaltshilfe sei mit dem Enkelchen zu Herrn H. gefahren, der habe geschimpft, dass es vielleicht schon zu spät sei, und habe begonnen, die Füße bis hinauf zu den Knien zu bearbeiten, Blockaden gelöst und »Verschwellungen«. Und tatsächlich – Dr. B. hat es selbst gesehen – begann das Baby nach der zweiten Behandlung sich ein wenig zu bewegen, und weitere Wochen später fixierte es mit den Augen die Mutter.

Und im Übrigen habe Herr H. ein Hemd getragen und nach Rosenwasser geduftet …

Und täglich lockt das Schnäppchen

Natürlich ist Geiz geil. Ist ja auch klar: Am notwendigen Ende kann man sparen, um das Geld dann für was Spaßiges unbeschwert ausgeben zu können! Geiz ist etabliert, er gehört zum guten Ton. Und nicht nur das. Erzähle ich, dass ich meine Fleischwaren bei einem »echten« Metzger kaufe, ernte ich vernichtende Blicke. »Na, Ihnen muss es ja noch gut gehen!« Eine Nation lebt nach dem Geiz-ist-geil-Prinzip, und wer nicht mitmacht – ja, der ist schon irgendwie verdächtig. Aber wollen wir doch mal ehrlich sein: Ein gutes Schnäppchen gemacht zu haben, freut schließlich jeden!

Das hatte ich mir denn auch so ausgerechnet und einen neuen Laptop für die Fahrpraxis beim Lebensmitteldiscounter gekauft. Unglaublich schnell, ganz, ganz viel Speicherkapazität. Der Bildschirm ist nebenbei auch noch groß genug, um ohne Lupe die Buchhaltung abends vor dem Fernseher erledigen zu können. Eine Softwarefirma spielte das gute Tierarztprogramm auf, und schon konnte es losgehen. Als er nach vier Monaten erstmals kaputt ging, lächelte mich unser lokaler PC-Spezi an und sagte süffisant: »Na, dann geh' mal gleich damit zum Lebensmittelhändler deines Vertrauens!« Der Vor-Ort-Service kam prompt, nur dass die Fahrerin des Kurierdienstes gleich das Gerät erkannte. »Ach, von den Dingern hab' ich diese Woche schon sieben hier am Ort geholt, manchen übrigens schon zum zweiten Mal.« Ich getraute mich kaum, es meiner Frau zu erzählen. Sie hatte mich noch gewarnt. »Lass uns lieber 50 Euro mehr bezahlen und den Laptop bei jemandem kaufen, den wir kennen.« Aber ich hatte es ja besser gewusst … Als das teure Stück nach drei Monaten noch immer nicht wieder zurück war, ging ich zum Filialleiter, rief beim Hersteller an, bei der Zentrale des Discounters und schließlich bei dem, der es reparieren sollte (in Österreich). Im Moment könne man zwar nicht definitiv sagen, ob mein Laptop tatsächlich angekommen sei. »Aber wenn er da ist, kriegen wir ihn auch wieder hin.« Na ja, es ging dann auch ziemlich schnell, keine drei Monate später hatte ich ihn tatsächlich wieder. Kann ja mal kaputt gehen, oder?

Ich schwor mir, in Zukunft nur noch bei »greifbaren« Händlern zu kaufen.

Aber ich wurde rückfällig. Bei einem Internetauktionshaus nämlich. Ein wunderbares Objektiv für meine wunderbare Kamera sollte bei einem »Power-Seller«, ein Begriff, der bei dem Auktionshaus eine Art Maßstab für Seriosität ist, fabrikneu vierzig Prozent unter dem üblichen Ladenpreis kosten. »Also, wer da nicht mal ein bisschen Risiko eingehen will …«, überredete ich mich selbst. Ich rief beim »Power-Seller« an und fragte, ob ich in seinen Laden kommen könne, um es anzuschauen und abzuholen. »Laden?«, lachte er, »was glauben Sie, wie ich so einen Preis machen kann? Wenn sie's ansehen wollen, gehen Sie doch zum Fachhändler! Bei mir können Sie nur kaufen.« Dennoch bestand ich darauf, es selber holen zu dürfen. So ein bisschen Sicherheit wollte ich denn doch haben … Widerwillig stimmte er zu. Meine Frau musste anderntags sowieso in die Stadt und erklärte sich nach längerer Überredung bereit, die Linse abzuholen.

»Und, wie ist es gelaufen?«, fragte ich über das Handy. Ich konnte die Spannung kaum ertragen, von der Uhrzeit her musste es längst neben ihr auf dem Beifahrersitz liegen.

»Also, ehrlich gesagt, ich hab es nicht. Die Adresse von deinem Freund war in einer Hochhaussiedlung in einem Vorort. Kaputte Häuser, überquellende Mülltonnen, Hauswände voller Graffitis. Im Hauseingang ein Trupp junger Skinheads, die mich argwöhnisch beäugten. An der Klingel standen neben dem Namen des »Power-Sellers« fünf weitere. Ich schlich mich vorbei an den Skinheads, hoch über verrottete Treppenstufen und entlang kleiner (unsortierter) Müllberge zur Wohnungstür. Drinnen gellten Schreie. Offensichtlich stritt sich dein Freund mit einem Kunden um Geld. Da habe ich mich einfach nicht reingetraut. Das Geld hatte ich sowieso gleich im Auto gelassen. Also, wenn da mit dem Objektiv was ist, da wird's den Typen sicherlich nicht mehr geben. Und überhaupt, warum kaufst du es nicht bei Fotohändler Bäcker, der ist doch auch Kunde bei uns …?«

Das fragten wir uns dann auch drei Tage später ein weiteres Mal. Eine Hunde-Kundin rief Samstag abends an, zehn Uhr fünfzig, sie habe Probleme mit ihrem Pferd. Wir hatten uns schon öfters gefragt, warum sie nur mit dem Hund zu uns kam, aber nun gut. »Ich habe den Hengst vorgestern kastrieren lassen und jetzt kommt aus der Wunde jede Menge Eiter heraus«, berichtete sie. »Tja«, meinte die Pferdetierärztin an meiner Seite, »wer behandelt denn sonst deine Pferde?« »Nun, das ist normalerweise der Michael.« Michael ist ein netter und kompetenter Nachbarkollege. Umso erstaunter war meine Frau. »Ja, dann ruf' doch lieber den!«

»Na ja«, gestand die Pferdefrau, »ich hab's von einem Tierarzt von weiter weg machen lassen. Der hat nur hundertzwanzig Euro inklusive hundertachtzig Kilometern Anfahrt genommen. Aber den erreiche ich heute nicht. Gestern hatte der noch gemeint, ich solle mal abwarten, er sei gerade im Norden bei einem anderen Hengst und könne jetzt nicht gleich los. Und der Michael sagt, er hätte gleich einen anderen Notfall und könne nicht kommen. Ihr seid meine letzte Hoffnung …!« Natürlich fuhren wir hin, wenn auch etwas angesäuert.

»Es geht ja schließlich ums Tier, nicht um unseren Stolz.«

Es eiterte und blutete derart massiv aus der stark geschwollenen Wunde, dass meine Frau das Tier an die Uniklinik in Gießen überwies. »So ist das mit euch Schnäppchenjägern«, sagte sie grinsend zu mir und schaute mich aus den Augenwinkeln an. »Da hätte sie vielleicht mal jemanden fragen sollen, der sich damit auskennt … Und im Notfall auch greifbar ist!«

Ja, das gab mir schon zu denken. Aber dass unser guter Laptop jetzt wieder kaputt ist, hat damit natürlich nichts zu tun. Die Frage ist nur: Soll ich ihn einschicken – oder lieber gleich einen neuen kaufen? Denn bis er in einem halben Jahr wieder da ist, ist er sowieso schon wieder veraltet. Und wenn ich jetzt das Porto fürs Verschicken sparen würde – na, dann hätte ich doch ein wirklich tolles Schnäppchen gemacht, oder?

Curd Jürgens – oder:
Immer wenn ich Drogen gab

Die Verabreichung von Narkosen ist gerade für den Anfänger nicht weniger als »ein kleiner Tod«. Man hört mit rasendem Puls und äußerster Konzentration das Herz ab, wiegt das Tier zur Berechnung der Menge des zu verabreichenden Mittels lieber zweimal. Die zweite Stelle hinter dem Komma könnte über Tod oder Leben entscheiden. »Wie war das im Praktikum? Was hat später mein Lehrtierarzt genommen? Nein, nicht der in Ostfriesland, der verließ sich lieber auf Äthernarkosen. Und eigentlich sollte man die Injektion intramuskulär geben, besser intravenös. Aber subkutan haut nicht so rein und wirkt auch nicht so schnell. Besser zwei- bis dreimal nachspritzen als gleich die volle Ladung. Ist doch auch irgendwie schonender, oder?«

So oder so ähnlich dachte ich jedenfalls bei meinen ersten Narkosen. Ich konnte mich kaum auf die Operationen konzentrieren, ständig mit den Augen die Atmung kontrollierend.

Meine Sorgen hatten einen Grund.

Ich machte früh ein Tierarztpraktikum, mein Vater hatte es für mich bei einem alten Spezi organisiert. Es war bei Dr. M., dem passionierten Jäger aus Franken. Ich möchte ihn im Folgenden »Curd Jürgens« nennen, denn er sah nicht nur so aus, er war auch so. Schlohweißer Haarkranz mit oben ein paar ganz langen, nach hinten gekämmten Zuseln. Braungebranntes Gesicht, durchzogen von sonnenstrahlartigen Falten; lachte er, so musste ich geblendet blinzeln. Immer völlig in Weiß gekleidet: weißes Polo, weiße Hosen, weiße Socken, weiße Clogs (mit Luftlöchern, kaum zu reinigen – heute schon die Schuhe geteert?). Kam eine Kundin in die Kleintiersprechstunde, erhob er sich leicht von seinem weißen Praxis-Rollhocker, streckte der Dame die Hand entgegen, schlug im selben Moment knallend die holzbeschuhten Hacken zusammen und raunte: »Gnädige Frau, wie geht es Ihnen heute?« Beim Wort »Frau« rollte er selbstverständlich genussvoll ein aristokratisches »r«. Ich errötete vor Scham und erwartete, er werde angespuckt. Doch mitnichten! Jede dieser so angesprochenen Damen gleich welchen Alters war entzückt und begann sogleich, ihre Sorgen zu gurren.

Nun, »Curd Jürgens« verleidete mir bis zum heutigen Tage jede Souveränität bei der Gabe von Narkotika! Sooft eine Narkose anstand, sagte er zu mir: »Junger Freund, um Narkosen richtig zu dosieren, brauchen Sie sehr, sehr viel Erfahrung! Schließlich soll Ihr Patient ja weder Schmerzen noch den Tod erleiden!« Er schob sich auf seinem Rollhocker zu einem ebenfalls weißen, freistehenden Metallschränkchen, zog die oberste Schublade auf (sie klemmte stets) und nahm eine handvoll kleiner Fläschchen heraus. »Sie haben das Tier gewogen, es wiegt achtundzwanzigkommadreisieben Kilo (wirklich?). Ich nehme zunächst ein wenig Xylazin, gebe einen Milliliter Pentobarbital hinzu. Und weitere zweikommaacht Milliliter Ketamin werden die Schmerzen nehmen.« Er griff erneut in sein Metallschränkchen, um weitere Fläschchen hervorzuzaubern. »Das Lidocain ist nun gegen den Einstichschmerz. Medetomidin ist sehr modern und gut für den Schlaf. Heute werden wir auch ein wenig Atropinsulfat und Valium hinzugeben, zumal Kampfhunde sehr empfindlich sind. Und nun kommt's drauf an: Ich gebe als Prämedikation Acepromazin hinzu. Doch Vorsicht«, er setzte die Mischspritze ab und hielt sie (ein Auge zugekniffen) gegen das Licht, »wenn Sie die richtige Dosierung haben, entsteht ein wunderbarer, unverwechselbarer Gelbton ... Aber, wie gesagt, hierzu gehört jahrzehntelange Erfahrung. Das kann man an der Universität nicht erlernen.« Trotz höchster Konzentration hatte ich mir die Dosierung nie merken können, ein Zusammenhang zwischen Körpergewicht in Kilogramm und eingesetzter Wirkstoffmenge entzog sich meiner Logik.

Diese Erlebnisse waren von einschneidender Bedeutung, ich möchte sagen, ein Trauma mit tiefenpsychologischen Auswirkungen. Jahre später, ich war schon erfahrener Assistent, musste ich, allein im Notdienst anstehenden Narkosen ausgesetzt, immer heimlich die verschwiegene Helferin anrufen. Mit angehaltenem Atem fragte ich um Rat, musste mich beruhigen lassen: »Machen Sie sich keine Sorgen, bis jetzt sind alle wieder vom Tisch gekommen.«

Abschließend muss ich anerkennend gestehen: Mir ist nach diesem Praktikum bis zum heutigen Tage nie ein Tier begegnet, das sich auch nur annäherungsweise über »Curd Jürgens« Narkosen beschwert hätte!

Sport tut gut
(eine Teenager-Geschichte)

Die Kinder im Bett, der Koliker versorgt, müde, aber irgendwie noch keine Lust schlafen zu gehen. Lange Arbeitstage sind manchmal unbefriedigend. Es hat alles geklappt, alle leben noch, jeder hat bezahlt. Dennoch habe ich das Gefühl, nicht genug erlebt zu haben.

Wir trinken noch ein Wässerchen und schau'n mal, was so in der Welt los ist: Nachrichten gerade vorbei, kein Tatort, das ist schon mal schlecht.

Doch da: Auf Programm siebenundzwanzig sind ein paar Mädchen im Wasser und zappeln so komisch: Synchronschwimmen. Das ist eine Sportart, bei der sich die Athleten bemühen, gleichzeitig im und unter und über Wasser die gleichen Bewegungen zu machen. So etwas wie Ballett könnte man sagen. Sehr anmutig. Die Kamera zeigt jetzt Unterwasseraufnahmen, die Mädchen schwimmen scheinbar wirr durcheinander, Kamera über Wasser, zwei werden gleichzeitig herauskatapultiert und schauen »synchron« nach links, während beide das rechte Bein angewinkelt und das linke ausgestreckt halten. Sie bewegen die Arme nach oben. Kurz nachdem sie wieder im Wasser verschwunden sind, tauchen die anderen Mädchen auf, diesmal ringförmig angeordnet, biegen alle den Rücken nach hinten durch und vermitteln das Bild einer sich öffnenden Blüte.

»Wer denkt sich nur so etwas aus«, sage ich staunend zu meiner Frau.

»Und vor allem, wer schaut sich so was an – außer uns?« erwidert sie. Auf dem Bildschirm ist zu erkennen, dass die Zuschauerränge völlig leer sind. Schade. Wahrscheinlich wäre es für den Sender billiger gewesen, Videoaufzeichnungen an die interessierten Zuschauer zu verschicken und sich die Sendezeit zu sparen.

Jetzt kommt eine andere Gruppe stämmiger Mädchen, es handelt sich tatsächlich um sowas wie einen Wettkampf. Wie da wohl die Punkte vergeben werden?

»Ich frage mich, wie man zu so einer Sportart kommt ... oder zum Hammerwerfen«, rätselt meine Frau.

»Das kann ich mir ganz gut vorstellen«, antworte ich und erzähle. »Als mein Freund Ole und ich in der Schule zu oft den Sportunterricht geschwänzt hatten, kam unser Sportlehrer und machte uns einen Vorschlag. Entweder würde er uns beiden null Punkte als Halbjahresnote geben, oder wir würden bei der Vorauswahl von »Jugend-trainiert-für-Olympia« mitmachen. Dann bekämen wir beide eine Zwei. Wir waren leider keine begeisterten Sportler, wir rauchten stark und schliefen wenig. Beim Tausendmeterlauf musste ich spätestens nach der Hälfte erschöpft aufgeben. Aber wir hatten keine Wahl. »Ich brauche noch jemanden für die hundert Meter. Das machst du Henrik. Tja, Ole, und für dich bleibt der Diskus.« Da grinste der »Hund« auch noch. Bis dahin hatten wir noch nicht mal einen Diskus gesehen, geschweige denn ihn geworfen.

Wir hatten zwei Wochen Vorbereitungszeit, was ich sofort vergaß. Ole hingegen nahm seine Aufgabe deutlich ernster. Er lieh sich einen Diskus aus und übte täglich. Man kennt

ja aus dem Griechischunterricht die Bilder gestählter Olympioniken, und in dieser Tradition sah sich mein Freund nun auch. Irgendwie sollte der Diskus – vorausgesetzt, man wirft
ihn richtig – ins Schweben kommen und dann fliegt er ziemlich weit! Ein guter Werfer
schafft locker 30 Meter. (Ein damaliger Leichtathletik-Star warf den Diskus fünfundsechzig-
kommafünfacht Meter weit!)

Am Tag X fuhren wir alle zusammen nach Schwenningen ins Sportstadion. Meine
Konkurrenten waren gut trainierte Sportler, sie erzählten, dass sie fünf Tage die Woche
geübt hätten, kein Alkohol, keine Zigaretten, keine Frauen. (»Klar«, dachte ich, »aber das hat
bei euch Pfeifen nix mit dem Sport zu tun …«) Ich stand am Start, rauchte noch schnell
eine Gauloise ohne Filter und genoss die verachtenden, hasserfüllten Blicke der Sportlehrer.
Doch ohne Witz: Ich rannte allen davon. Anaerobe Glycolyse. Zweiter Platz.

Bei Ole sah die Sache leider etwas schlechter aus: Er schaffte es zwar mittlerweile, die
tausend Meter zu laufen, der Schwebeflug seines Diskus endete jedoch bereits nach sagenhaften Elfmeterndreiundsiebzig! Letzter Platz. Mein Freund hat damals seine Laufbahn als
Diskuswerfer nicht weiterverfolgt. Heute ist er Arzt und behandelt immerhin Bandscheiben-
leiden.

»Na ja«, meint meine Frau skeptisch, »meine Handballerkarriere begann aber anders …«

Ich glaube jedoch, dass so mancher zu Beruf und Hobby gekommen ist wie die Jung-
frau zum Synchronschwimmen. Oder aber weil er zu viel geraucht und zu oft die Schule
geschwänzt hat …

Der Lauf der Dinge
(und noch ein Klassiker)

Ein alter Bauer beschließt eines Tages, zum ersten Mal in seinem Leben eine Urlaubsreise zu unternehmen. Nach langem Überlegen entscheidet er, mit seinem Traktor nach Italien zu fahren. Einen Teil der Strecke will er mit dem Autozug hinter sich bringen, von Livorno aus dann weiter über die Landstraße nach Florenz fahren. Um mit ruhigem Gewissen starten zu können, sagt er vorher zu seinem Knecht: »Ich gebe dir die Telefonnummer von einem Hotel, in dem ich in etwa zehn Tagen zu erreichen sein werde. Josef, du darfst aber nur im äußersten Notfall anrufen! Das musst du mir versprechen!«

Zehn Tage später läutet das Telefon, der Knecht ist am Apparat. »Bauer, der Schaufelstiel ist abgebrochen!« Der Bauer ist ärgerlich. »Und deswegen rufst du mich an? Wobei ist er denn abgebrochen?«

»Als wir den Hund begraben haben.«

»Warum habt ihr denn den Hund begraben?«, fragt der Bauer verdutzt.

»Die Feuerwehr hat ihn überfahren.«

»Was macht denn die Feuerwehr auf meinem Hof?«

»Den Stall löschen!«

»Was? Der Stall ist abgebrannt? Wie ist das denn passiert?«

»Durch Funkenflug«, antwortet Josef recht einsilbig.

»Durch Funkenflug? Woher kamen denn die Funken?«

»Vom Haupthaus.«

»Ach du meine Güte, das Haupthaus ist auch abgebrannt? Wie das denn?«

»Als wir deine Alte aufgebahrt haben, ist uns eine Kerze umgefallen und da ist es halt passiert ...«

Vorsicht: Tierarztkinder!

Meine mittägliche »Großtierrunde« endete kurz vor Beginn der Sprechstunde, ich warf die Stiefel in die Ecke und ging durchs Büro, um mir in der Küche noch einen Kaffee zu kochen. Im Büro saßen und standen unsere Kinder mit ein paar ihrer Freunde und Kindern wartender Kunden um unseren Apple-Computer herum und schauten ein Video an. Ich beugte mich über die vielen Köpfe und sah, dass es ein Filmchen über Natursprung und Absamen unseres Hengstes war. Ich hatte das Video mal für einen koreanischen Pferdehändler gemacht, der ein Gestüt mit Besamungsstation aufbauen wollte. Da meine koreanischen Sprachkenntnisse eher begrenzt sind, sprachen die Bilder für sich ... Ich dachte mir nicht viel dabei, dass vor allem die älteren Jungs atemlos zuschauten und die Szene mit dem Natursprung immer und immer wieder sehen wollten. »Ich zeige den Kindern mal, wie das geht«, entschuldigte unser Zehnjähriger die »großen« Jungs. »Weißt du, wir haben zur Zeit Sexualkunde und die können sich nicht vorstellen, wie das in Wirklichkeit aussieht ...«. Ein Mädchen holte seine Mutter aus dem Wartezimmer. Die staunte nicht schlecht, bedeckte die Augen ihrer Kinder und zog sie mit sich hinaus.

Als ich mittags die Kinder von der Schule abholte, zwinkerte mir der Sachkundelehrer zu. »Na, Ihr Sohn kennt sich aber schon gut aus. Zumindest ist er der einzige, der sich meldet. Bei den anderen weiß ich's gar nicht. Wenn ich eine Frage stelle, verziehen sich gleich alle unter die Bänke ...«

»Klar, ist ja ein Tierarztkind«, sagte ich. »Ist doch normal, oder?«

Sexualkunde sollte denn auch das Thema der nächsten Arbeit sein. Sonntags waren Oma und Opa da und hart wie wir nun mal sind, verurteilten wir die Oma dazu, Philipp noch ein bisschen abzufragen.

Die ersten Fragen waren einfach. »Was verändert sich bei Jungen und Mädchen während der Pubertät? Nenne fünf Beispiele.« Auf »Schambehaarung«, »Stimmbruch« und »große Brüste« kam er denn auch gleich. Bei »größere Scheide« und »längerer Penis« musste die Oma ihm dann drucksend helfen. »Nenne zwei Verhütungsmittel und erkläre ihre Anwendung« brachte Oma dann schon nahe an ihre Grenzen. Der Opa und ich gaben vor, Kaffee zu trinken, genossen jedoch Omas Aufklärungsunterricht. Bei der Frage »Erkläre den Geschlechtsverkehr und fertige eine Zeichnung davon an«, brachen Opa und ich vor Lachen in Tränen aus, Oma ergriff die Flucht. »Also, was ihr alles wissen müsst«, brachte Opa hervor, »dafür wäre ich früher von der Schule geflogen!«

»Ach, vielen Dank auch«, begrüßte mich das nächste Mal der Lehrer. »Wofür?«

»Na, für das Modell!«

Philipp hatte im Zug eine Zeitschrift geschenkt bekommen und fand darin einen Bastelbogen zum Ausschneiden. Ich will mich hier nicht mit langen Beschreibungen aufhalten, deshalb zeige ich einfach das Bild:

Der Lehrer hatte es übrigens ernst gemeint, wie mir eine Mutter zwei Tage später erzählte. Er hatte den Bastelbogen kopiert und wollte ihn an die übrigen Schüler austeilen. Andere Mütter hielten ihn allerdings auf …

»Das ist doch normal«, meinte mein älterer Lehrtierarzt. »Als unser Sohn damals so alt war, waren wir mal bei Bekannten eingeladen, sehr vornehmen Rechtsanwälten, mit Hausmädchen und allem. Wir saßen auf dem Sofa im Salon und tranken Tee mit Sahne. Plötzlich fragte unsere Gastgeberin, wo eigentlich die Kinder seien. Es war auffallend still geworden. Sie ging in den Garten, um sie zu suchen, und nach wenigen Minuten hörten wir einen gellenden Schrei. Natürlich sprangen wir auf und rannten hinaus. Das Töchterchen der Gastgeber war auf allen Vieren, hatte sich das Röckchen hochgezogen und schaute uns an. Unser Sohn, er war auch so gerade mal zehn, kniete hinter ihr und schob ihr ein Stöckchen zwischen die Beine. Ach, was war ich erleichtert! »Die spielen ja nur Besamung, dann ist ja alles gut.«

Leider war NICHT alles gut und unser friedliches Beisammensein in vornehmer Gesellschaft schnell beendet …!«

Neulich wollten wir uns mit Freunden zum Schwimmen verabreden. »Geht nicht«, raunte mir die Frau zu, »ich habe meine Tage …« Unser Sohn schob sich dazwischen. »Weißt du eigentlich, dass die Läufigkeit bei der Hündin was anderes ist als beim Menschen?«

»Vorsicht«, sagte ich zu der schockierten Freundin, »das sind Tierarztkinder!«

P.S. Falls Sie sich mal Freunde in der Schule machen wollen, können Sie die Bastelanleitung für drei Euro fünfzig unter www.Edition8x8.de herunterladen. Es gibt da auch noch andere nette Dinge!

Als mein »Boy« ein »Girl« war

Der »Girl's Day« hat seinen Ursprung in den USA und wurde 1993 zum ersten Mal in New Orleans veranstaltet. Er heißt dort »take our daughters to work day« (»Nehmt-unsere-Töchter-mit-zur-Arbeit-Tag«) und findet – wie auch mittlerweile in Deutschland – immer am vierten Donnerstag im April statt. Sinn der Veranstaltung ist, speziell Mädchen und Frauen für »Männerberufe« zu motivieren. Einer Statistik zufolge haben in den letzten Jahren rund eine halbe Million Mädchen mitgemacht. Meiner Einschätzung nach waren sie alle in deutschen Tierarztpraxen …

Die ersten Eltern hatten ihre Mädels schon bei der Impfung des Kaninchens anderthalb Jahre im Voraus angemeldet, ab Mitte Januar steigerten sich dann die Anfragen von drei pro Woche bis auf stündlich am Montag vor dem großen Ereignis. Es fing schon langsam an zu nerven, und ich riet den verzweifelten Anruferrinnen, doch mal bei einem typischen Männerberuf anzufragen. Denn: Längst ist die Tiermedizin unangefochtene »Frauendomäne« und man sollte – ginge es mit rechten Dingen zu – an diesem Tag eigentlich nur noch Jungs als Praktikanten annehmen. Tatsächlich kam aber auf rund zwanzig »Girls«, die wir in den vergangenen Jahren hatten, gerade mal ein »Boy«. Und auch, wenn das jetzt politisch nicht korrekt ist: Als Vater würde es mir schon zu denken geben, wenn mein »Boy« seinen »Day« in einer Tierarztpraxis absolvieren würde …

Gummistiefel statt Sneakers
Wir hatten in diesem Jahr also wieder vier »Girls« und uns schon Tage vorher überlegt, wie wir das wohl überstehen. Wir arbeiteten ein kleines Programm aus, das Einblicke in

die verschiedenen Bereiche des Berufes gewährt: erst Katzen kastrieren, dann ein wenig Hausschlachtungen, danach Trächtigkeitsuntersuchungen bei Kühen. Für den Nachmittag stand die Fahrt zu einem Schweinebestand auf der Tagesordnung, später Kleintiersprechstunde. Unsere Helferin unterbrach dankenswerterweise ihren Urlaub, um uns beizustehen, Sonja, die ihr Dreimonatspraktikum bei uns absolvierte und schon vor über zehn Jahren zum Schülerpraktikum bei uns war, hielt sich ebenfalls bereit. Schon in den Vorgesprächen warne ich die Eltern: »Beim Tierarzt gibt es nicht nur Hundestreicheln und Pferdestriegeln, es fließt Blut und Pipi, es riecht nach Tod und Häufchen.«

»Klar, das wissen wir«, lautet dann die Antwort. »Wir schauen ja immer »hundkatzemaus«.«

»Na, dann ist es ja gut«, sage ich. »Und geben sie Gummistiefel mit!«

Die Reduzierung der »Girls« auf Töchter von Kunden hat übrigens viel gebracht, es wissen nämlich tatsächlich einige, was auf sie zukommt. Ärgerlich werde ich allerdings, wenn die Eltern und ihre »Girls« die Bitte um Gummistiefel als Scherz empfunden haben und sie in jenen langen, ausgetretenen, unglaublich weit ausgestellten Kunststoffhosen kommen, die bestenfalls zum Reinigen der (Stall-)Böden geeignet sind.

Maden pulen schockt niemanden

Die Operationen empfanden unsere Gäste denn auch alle als sehr spannend. Sie berichteten von den Kastrationen ihrer eigenen Tiere, von den Fehlschlägen der Tierärzte, bei denen sie »früher« waren und was ihre Freundinnen an der Kasse von »Schlecker« am heutigen »Girl's Day« wohl erleben würden. Als ein von Maden zerfressenes Kaninchen dazwischen kam, befürchtete ich schon Ekelattacken, aber weit gefehlt! Während ich Maden pulte, bemerkte ich plötzlich, wie neben mir die ersten Leberwurstbrote schmatzend verzehrt wurden.

Großtierpraxis ist bei uns Frauenarbeit und so fuhr dann die ganze Truppe per Kleinbus auf einen Aussiedlerhof zum Rektalisieren. Eine hatte keine Gummistiefel dabei – aber das war im Grunde nicht schlimm, denn sie war eine von denen, die sagten »Nein, in einen Kuhstall geh ich nicht, das stinkt mir zu sehr« und noch vor dem Mittagessen ihr Praktikum beendete.

... und die »Boys«?

In einigen Kreisen gibt es inzwischen Initiativen zur Gleichstellung der Männer, und es wurde analog zum »Girl's Day« für Mädchen ein »Girl's Day« für Jungs eingeführt. Der allerdings nicht »Boy's Day«, sondern auch für sie »Girl's Day« heißt. Mein Sohn Philipp und sein Kumpel wollten ihren »Girl's Day« eigentlich auch bei uns in der Praxis absolvieren (aus Faulheit, etwas anderes zu suchen), aber das lehnte ich ab: »Das könnt ihr, von mir aus, jeden Tag machen, aber nicht im Praktikum!« Stattdessen fragte Philipp beim Abendessen einen meiner Freunde, ob sie in seiner Werbeagentur den Tag verbringen könnten. Mein Freund freute sich sehr und auch dort hat man sich, bevor es losging, schon mächtig Gedanken gemacht. Zunächst gab es ein Vorgespräch, in dem Ziele abgesteckt wurden. Im

Laufe des Tages mussten die Jungs sich dann in Grafikprogramme einarbeiten, »E-cards« für Firmen entwickeln und sie lernten Kaffeekochen. Abends gab es schließlich ein Nachgespräch, in dem mich die beiden über Urheberrecht und Kundenakquise aufklärten. Für sie ist klar: Sie werden wie die Männer aus der Werbeagentur zusammen in einer WG wohnen, Philipp wird Tierarzt, sein Freund Schwimmbadhändler und sie werden beide ihre eigenen Werbekampagnen entwickeln. Und ihren Eltern bis dahin bei der Kundenakquise helfen.

Und die »Girls«?

Die beiden, die schon mittags gegangen waren, entschieden sich Kindergärtnerinnen zu werden. Die verbliebenen zwei fanden ihr Praktikum toll. »Das macht ihr jeden Tag?«, fragten sie abends aber ziemlich erschöpft. Und kündigten an, im nächsten Jahr doch lieber einen »richtigen Männerberuf« auszuprobieren …

Leide ich unter Verfolgungswahn?

Vor einigen Jahrzehnten, als ich noch aufs Gymnasium ging, lasen wir Orwells »Schöne Neue Welt«, waren alternativ und kritisch. Dass es eine so beschriebene Welt geben könnte, schien mir unvorstellbar, es müsste jemand kommen und uns in dieses Joch zwingen ...
Heute hänge ich nun ständig am Handy, mit dem ich via Satellit bis auf fünfundzwanzig Meter genau geortet werden kann. Auch mein Auto kann mit GPS geortet werden. Ich halte es – nicht zuletzt meiner Kinder wegen – für wichtig, mit der Zeit zu leben: Also habe ich mir einen Internetanschluss legen lassen. Über unser Kaufverhalten werden Statistiken geführt, die von Psychologen aufbereitet dazu dienen, mir Produkte vorzulegen, denen ich nicht widerstehen kann. Ähnlich wie im Supermarkt, wo die Auswertung der Kassenbons ergab, dass eine Korrelation zwischen Windel- und Bierkauf besteht. Zwischen den Bierkästen und den Windeln werden für mich also »Kauffallen« aufgestellt. Vom Briefgeheimnis hat sich meine Generation ja auch verabschiedet, wie vor nicht allzu langer Zeit herauskam, werden unsere Mails von Microsoft & Co an die CIA verschachert.

Meine Frau hat jetzt übrigens auch Aktien gekauft. Mein Spruch »Du kaufst da die Arbeitslosigkeit unserer Kunden« hat nicht gefruchtet. Ihrem Kauf folgte eine Firmenfusion, es wurden fünfzehntausend Angestellte entlassen, wir sind um zweitausend Euro reicher, unsere Kunden können sich einen Tierarztbesuch nicht mehr leisten.

Mein Schwiegervater hat ein Einzimmerappartement in einer Siedlung, die ich mal ganz dezent einen »sozialen Brennpunkt« nennen möchte. Neulich half ich ihm, die zurückgelassenen Abfälle des letzten Mieters runterzutragen, und plötzlich sah ich, dass an jedem Fenster jemand lehnte und uns zuschaute. Ein Mann kam herbeigeeilt: »Darf ich fragen, warum Sie hier Müll wegwerfen?«

»Weil wir hier eine Wohnung haben ...«, erwiderte ich. »Das wird Ärger geben!« Und alle schrieen: »Den haben wir hier noch nie gesehen ... der hat einfach den Müll in unsere Tonne geschmissen!« Und ich erkannte, dass die Menschen an den Fenstern die Opfer ihres eigenen Aktienkaufs waren, die plötzlich verarmt erlebten, dass man mit Arbeit weniger verdient als mit nix! Aber »nix« ist auf Dauer langweilig, man kann nicht den ganzen Tag nur fernsehen und »surfen« und Bier trinken. Glücklicherweise soll jetzt Asylanten erlaubt werden, die Drecksjobs für uns zu erledigen, sonst müsste man bei all der Arbeitslosigkeit und dem Stress am PC auch noch die Abfälle runtertragen! Von den Fenstern rief es: »Der wirft seinen Müll selbst weg und arbeitet! Ruft die Polizei, lasst die Löwen endlich in den Hof!« Ich verschanzte mich hinter den Containern, als die ersten Katzen um mich herumschlichen. Ein Helikopter mit tschetschenischen Söldner-Polizisten landete, im Sturm des Rotors schleppten sie mich in ihr Gefährt. »Wir haben durch die in Ihrer Brille integrierte Videokamera die Situation erkannt und mittels der in Ihre EC-Karte eingebauten GPS-Box Ihre Position geortet. Die Kosten sind bereits abgebucht ...! Keine Sorge, wir bringen

Sie in Ihre Welt zurück.« Mich schwindelte. »Warum kann ich euch verstehen, ihr seid doch Tschetschenen?« Sie lächelten: »Das liegt an dem in Ihr Rückenmark implantierten Sprachmodulationschip, Herrr Doktorr Hoffmaann.« Während des Fluges bestellte ich mit meinem WAP-Handy ein Bier und als wir vor der Praxis landeten, stand bereits ein Inder mit dem bestellten Getränk im Wartezimmer. »Wenn ich Ihnen mal einen Rat geben darf: Lassen Sie sich Ihre endocraniale Festplatte neu formatieren, dann klappt's auch wieder mit dem Denken!«

Ein schlechter Scherz

John raste über schmale Straßen durch die Hügel von »Mayo«, einem dünn besiedelten »County« im Nordwesten Irlands.

Ich absolvierte hier mein tierärztliches Praktikum mit dem klaren Vorsatz, noch in letzter Minute »die guten alten Zeiten« mitzuerleben. Es war zwar schon Anfang der 80er Jahre, doch in diesem Teil Europas schien tatsächlich die Zeit Mitte der 50er stehen geblieben zu sein. Weder die Gebäude noch die Straßen schienen sich seit James Harriott's Tagen geändert zu haben, ja, selbst die Autos an den Straßenrändern stammten aus dieser Zeit.

An einem meiner ersten Abende waren wir zu einer Schwergeburt auf einem entlegenen Hof gerufen worden. Unser Weg führte zunächst über endlos lange, holperige Landstraßen, später durch schlammige Feldwege, die John mit völlig überhöhter Geschwindigkeit kunstvoll zu meistern verstand. Ich schaute durch mein Seitenfenster in die Nacht und konnte bestenfalls den Himmel erahnen, dichte Wolken ließen keinerlei Restlicht durch. Im Lichtstrahl der Scheinwerfer rasten dicke Regentropfen auf unsere Windschutzscheibe zu. Beidseits des Weges befanden sich lange, von Hand aufgeschichtete und von wilden Hecken überwucherte Bruchsteinmauern. Auch John war noch nicht oft hier gewesen, er kannte bestenfalls den Weg bei Tag. Man hatte ihn ihm grob am Telefon beschrieben, Straßennamen existierten in dieser Gegend nicht. Wir hielten Ausschau nach einer Telefonzelle, natürlich vergeblich. Nach einer guten Weile sah ich endlich ein schwaches Licht vor uns. »Das könnte der verdammte Stall sein«, murmelte mein Kollege vor sich hin. Als wir ankamen, winkte uns gleich ein blasser Junge zu. Wir kletterten aus dem Wagen und setzten unsere Gummistiefel in knöcheltiefen Schlamm. John suchte routiniert das Werkzeug zusammen, ein paar Medikamente und Stahlketten, mit denen er die Gliedmaßen des Kalbes anbinden wollte, um dann daran ziehen zu können. Wir betraten den Stall und aufgereiht standen sieben Jungs, einer angezogen wie der andere: schwarze, zerfetzte Mäntel über völlig verdreckten Hosen unklarer Farbe. Die verblüffende Ähnlichkeit ihrer Gesichter ließ darauf schließen, dass sie Geschwister waren. Sie nickten mit ernsten Gesichtern. John stellte mich vor und noch einmal nickten alle. Bald machten sie dem Tierarzt ehrfürchtig Platz und ließen ihn zur Kuh. Nach einer raschen allgemeinen Begutachtung zog er einen langärmligen Plastikhandschuh aus der Tasche, nahm etwas Gleitmittel in die Hand und schob seinen Arm vorsichtig in die Scheide des Tieres. Er schaute auf den Boden, beugte sich vor, zog den Arm wieder heraus. »Zieh den Handschuh an und sag mir, was du fühlst.« Ich schob meinen Arm in die Kuh und orientierte mich vorsichtig. Alles, was ich zu fassen bekam, war der Rücken des Kalbes. Ich sagte es. Er nickte. Dann fasste John wieder in das Tier und begann, das Kalb in die richtige Position zu schieben und zu drehen. Auch wenn es mühelos schien, begann er doch vor Anstrengung zu schwitzen. Ihn und seine Patientin umgab eine Hülle aus dichtem Dampf. Eine Ewigkeit schien vergangen zu sein, als sich schließlich seine Gesichtszüge entspannten. »Gib mir die Ketten.« Ich tat wie mir geheißen. Minuten vergingen, während er mit der rechten Hand im Dunkeln der Geburtswege blind arbeitend die Ketten um die Knöchel des Kalbes schlang. Seine Linke hielt das Ende der Kette. Einer der Jungen zog den kotverklebten Schwanz des Tieres zur Seite, ein anderer tätschelte ihr den Rücken, vor allem wohl, um sich selbst zu beruhigen. »Zwei kurze Hölzer«, zischte mein Chef dem Bauern zu. Der brachte zwei Besenstiele. »Zu lang!« Er trabte wieder los und holte nun zwei kürzere Stöcke, woraufhin John nickte. Er fädelte mit der Linken die Kette durch eine Öse an deren Ende und schob diese Schlinge über die Hölzer und gab sie an den Bauern weiter. Dann wiederholte er das Ganze mit dem zweiten Holz und der zweiten Kette und gab sie dem größten der Jungen. Nun begannen sie auf sein Kommando abwechseln zu ziehen. Er dirigierte Richtung und Stärke und wenn sie sich nicht genau daran hielten, schrie er sie an. »Könnt ihr nicht hören! Vorsichtig hab ich gesagt, ihr Grobiane!« Seine eigene Hand benutzte er dabei als Schutzschild für das Scheidengewebe, um ein wenig des steigenden Druckes abzufangen und das Reißen des Dammes zu verhindern. »Erwin, du hilfst dem Schwächling da neben beim Ziehen!« Ich stellte mich zu dem »Schwächling«, der mich um einen halben Kopf überragte. »Fest jetzt, hab ich gesagt, ihr Zwei taugt zusammen nicht so viel wie der andere!« Der Vater grinste stolz. Ich warf mich mächtig ins Zeug, und als das Kalb endlich langsam ins Rutschen kam, schoss plötzlich ein feiner Strahl Kot aus dem Hinterteil der Kuh. Ich konnte den Strahl eben noch fliegen sehen, als ich mich plötzlich wunderte, was ich da Krümeliges zwischen den Lippen hatte. Alle schauten ruckartig weg und konzentrierten sich auf das Rindvieh. Endlich war alles ins Rutschen gekommen und das Kalb glitt heraus. John entfernte den Schleim aus der Nase und goss einen Eimer kaltes Wasser über den Kopf des neugeborenen Kalbes.

Ich stand noch immer mit zusammengekniffenen Lippen da und starrte auf den Schließmuskel der Kuh. »Holy shit«, sagte John grinsend, »du solltest dir mal den Mund waschen.«

Während ich mir an der Tränke der Kuh den Mund auswusch, überlegte ich, was wohl ekelhafter sei: der Mist in meinem Mund oder der Schlamm in der Tränke. Ich trocknete mich an meinem Kittel ab und blickte in die Runde. Jeder bemühte sich krampfhaft, mich nicht anzuschauen, doch ich merkte, dass alle einer Explosion nahe waren. Endlich holte der Farmer eine Whiskeyflasche hervor, schraubte den Deckel ab und gab sie mir. »Hier, nehmen Sie, sonst wird sich Ihre Frau heute Abend noch wundern ...« Als wir den Stall verließen, hörte ich, wie alle plötzlich mit lautem Lachen hervorbrachen. »Sie müssen dich mögen«, sagte John grinsend, »bei jedem anderen hätten sie gleich losgelacht. Na ja, du wirst das dann spätestens morgen in allen »Pubs« der Stadt noch mal genau erklären müssen ...«

Während ich über diese Geschichte in mich hineinlachte, bereitete mich John in holperigem Englisch auf unseren nächsten Besuch vor. Wir würden einen alten, alleinstehenden Farmer treffen, ich solle mich nicht so genau umschauen, na ja, der Nachbar räume gelegentlich bei ihm auf. Früher habe er mit seiner Schwester in einem eheähnlichen Verhältnis gelebt, aber die sei vor ein paar Jahren gestorben. Der Alte lege keinen besonderen Wert auf Sauberkeit – das habe im Übrigen seine Schwester auch nicht so eng gesehen ... Ich solle dort einen Hund behandeln, was der habe, wisse er nicht so genau, und er müsse mal nach den Eseln schauen, ich könne hier übrigens noch eine echte Stallklaue sehen, das gäbe es gewiss in Deutschland nicht mehr.

Als wir auf der Farm ankamen, war gerade der Nachbar damit beschäftigt, die Küche etwas »aufzuräumen«. Er kratzte mit dem Schneeschieber gerade Rinderkot und Schlamm vom Küchenboden, die braune Masse hatte die Tür blockiert. Es sah tatsächlich so aus, als hätte die verstorbene Schwester als Letzte noch etwas im Haushalt getan. Ich war mir sogar sicher, eine der Tassen auf dem Tisch musste ihre gewesen sein. Der Nachbar erklärte John, wo wir den Farmer finden konnten. Wir gingen hinüber in den »Stall«, einer Art »Hochkeller«. Das Gebäude war anderthalb Meter hoch und ursprünglich nach unten ausgegraben – mittlerweile jedoch so hoch mit Kot gefüllt, dass der bedauernswerte Esel nur mit gesenktem Kopf stehen konnte. Seine Hufe sahen aus wie Krummsäbel, sehr lang und nach oben gebogen. John und der Farmer besprachen etwas in einer Art Geheimsprache: Sie unterhielten sich auf gälisch, und der Farmer hatte obendrein einen derartigen Sprachfehler, dass man ihn wohl auch als Ire nur schwerlich hätte verstehen können.

Nun gingen wir auf eine kleine Anhöhe, die oberhalb des Hauses gelegen war. Von hier oben hatte man eine herrliche Aussicht aufs Meer und die Felsen in der Brandung. So hatte ich mir Irland immer vorgestellt: raues Wetter, karger Pflanzenbewuchs, schweigsame Farmer. Mein Herz machte einen kleinen Sprung vor Freude. Ich saugte die salzige Luft gierig in meine Lungen und fühlte mich eins mit der Welt und dem Universum. Und so hatte ich mir auch das Praktikum vorgestellt. Mit einem Lächeln wandte ich mich wieder dem Farmer zu. Auf dem Boden, in wildes Heidekraut gebettet, lag ein alter Hund. Er war völlig abgemagert und verwahrlost. Während die Männer in ihrer Geheimsprache über den Hund und mich – ich hörte ab und zu meinen Namen (the german boy) – sprachen, kniete ich mich auf den Boden und legte den Kopf des Hundes in meinen Schoß. Er tat mir sehr leid. John trug mir auf, ans Auto zu gehen und Medikamente zu holen. Als ich zurück war, sagte er, ich solle ihm die Flüssigkeit in die Vene spritzen, to put him down. Das Tier war sehr geschwächt, doch trotz niedrigen Blutdrucks fand ich die Vene und konnte die Spritze ansetzen. Nach wenigen Sekunden bog der Hund den Rücken durch und starb. John und der Farmer schauten erst den Hund an und dann mich. »Was hast du ihm gespritzt«, flüsterte John aufgebracht, you killed him ...!« Oh Gott, was hatte ich getan? Wir gingen wortlos zum Auto, stiegen ein und fuhren davon. Ich war den Tränen nahe. Ich hatte diesen bedauernswerten Hund getötet, anstatt ihn zu heilen, diesem einsamen Bauern seinen letzten Freund genommen. Ich hatte meinen ersten Patienten getötet, weil mein Englisch nicht gut genug war ...

Nach einer Weile begann John plötzlich von einem amerikanischen Praktikanten zu erzählen, dem habe er gesagt, er solle einem teuren Zuchtbock eine Spritze geben, und als dieser Bock plötzlich tot zusammengebrochen sei, habe der Amerikaner hemmungslos geweint – während er und der Farmer Tränen gelacht hätten. »Natürlich solltest du den Hund einschläfern, it was just a bad joke, bitte entschuldige.« Wir fuhren wortlos nach Hause, ich sah aus den Augenwinkeln, dass er immer wieder in sich hineinlachte. »Weißt du«, sagte er, »das ist englischer Humor. Mach dir nichts draus.«

Abends würde er die Story im »Pub« erzählen und alle würden wieder über mich lachen. Ein wirklich schlechter Scherz. Aber ein Praktikant mit unbezahlbarem Unterhaltungswert für langweilige Kneipen-Abende ...

Der Nachruf

»Meine Mutter gehört noch zur alten Schule«, erzählte mir vor ein paar Jahren Quincy, ein befreundeter Schreiner. »Sie liest in der Zeitung immer erst die Todesanzeigen, und wenn sie jemanden kennt oder er wenigstens mal was bei uns hat machen lassen, geht sie hin. Fürs Geschäft ist es natürlich gut, wenn man Anteilnahme zeigt. Sie trifft da unsere Kunden, manchen kennt sie schon seit Jahrzehnten, manchen gar seit ihrer Schulzeit. Macht sie auch wirklich ganz gerne, und ich bin, ehrlich gesagt, richtig froh, dass ich das nicht machen muss. Solche Trauerveranstaltungen sind schon was Seltsames ...«

»Da geht Quincys Mutter doch tatsächlich gerne zu einer Beerdigung«, dachte ich bei mir. Die wenigen Beerdigungen, die ich in den ersten Praxisjahren miterlebt hatte, waren mir als scheinheilig vorgekommen. Aber glücklicherweise stellte sich damals für mich diese Frage nicht, ich kannte ja kaum einen der Toten.

Inzwischen hat sich das leider etwas geändert. Immer öfter kommt es vor, dass wir einen der Verstorbenen kennen. Und auch meine Frau hat diese grauenvolle Angewohnheit angenommen, zuerst mal nachzuschauen, »ob noch alle da sind«. »Oh je, schau mal, unter den Trauernden ist Frau Schmidt. Elke Schmidt. War wohl ihr Vater ...« So in der Art.

Tragisch ist es natürlich, wenn der Tote besonders jung war oder man ihm nahe stand. Manchmal kommt es sogar auch vor, dass noch eine offene Rechnung aussteht. »Da sollten wir aber wenigsten mal ein Kärtchen hinschicken.«

Die Kärtchen – wie sollte es anders sein – fallen bei uns ins Ressort des Schriftstellers. Es ist so was wie ein Gentleman-Agreement, dass ich die salbungsvollen Worte übernehme, sei es zu Weihnachten, Geburtstagen oder eben Beerdigungen. Meine Frau kauft im Gegenzug die Strampelanzüge und geht zu den entsprechenden Veranstaltungen, wo sie mich mit der besten aller Ausreden »Er hat noch einen Notfall« von sämtlichen Verbindlich-keiten befreit.

Der Echte

Vor etwa anderthalb Jahren allerdings wurde es anders. Denn da starb ein Tierbesitzer, den ich persönlich sehr schätzte. Es war ein alter Schäfer, den ich oft vom Auto aus im Feld bei seinen Tieren hatte stehen sehen. Ich war dann hingefahren, hatte mich zu ihm auf einen Baumstumpf gesetzt und er hatte mir erzählt, wie er im Kriesch die Schoaf ghüüd hatte. Und wie sich die Schäfer gegenseitig bekämpften, weil einer dem anderen das Gras geneidet hatte. Oder wie er seine erste Gebärmutter mit einer Heukordel amputiert hatte. Und das Tier damals sogar überlebte.

Seine Philosophie war es, die Menschen nicht nach seinen, sondern ihren eigenen Maß-stäben zu beurteilen. Die Gespräche mit ihm hatten oftmals geradezu spirituellen Charakter. Manchmal fotografierte ich ihn und er hielt dann ganz still. Wenn ich nicht schnell genug war, schaute er irgendwo in die Ferne.

Eines Morgens entdeckte meine Frau die Anzeige. Es versetzte mir einen richtigen Schock. Ich zog meinen »guten Zwirn« an, schaute auf dem Weg noch schnell bei einer Geburt vorbei und betrat dann – natürlich als Letzter – die Kirche, um mich mit gut zwei-hundert anderen von ihm zu verabschieden. Als mir seine Tochter die »Sterbekarte« mit den Worten »Das ist das Foto, das Sie von ihm gemacht haben« überreichte, kamen mir wirklich die Tränen. »Kurz bevor er gestorben ist, hat er es sich als Sterbebild gewünscht. Weil er sich selbst immer genau so gesehen hat.« Er war ein schlichter Mensch gewesen, er akzeptierte alles, wie es war, ob gut oder schlecht. Der Pfarrer schilderte ihn so, wie ich ihn gekannt hatte, er war der gewesen, der er war. Ohne jeden Lug und Trug und ohne Schnörkel.

Der Unternehmer

Einige Monate später ging dann ein weiterer Kunde »zu seinen Ahnen«. Auch er war mit seinen Collies einer der ersten in unserer Praxis gewesen und neben meiner Dankbarkeit für die treuen Jahren verband mich noch etwas anderes mit ihm: Ich bewunderte ihn zutiefst! Schon als wir ihn kennen lernten, war er Anfang achtzig und schwer an Krebs erkrankt. Er durchlitt Operationen, Bestrahlung und Chemotherapie, er wusste früh, dass es keine Rettung gab. Und dennoch sagte er mit fünfundachtzig zu seiner Frau, sein Lebenstraum sei es immer gewesen, Nord- und Südamerika komplett mit dem Auto hinunterzufahren – und dass er es nun tun werde. Seine Frau traf natürlich der Schlag.

»Und wenn dir was passiert?«

»Was sollte mir jetzt noch passieren«, hatte er lachend geantwortet. »Und dir bleiben ja schlimmstenfalls noch die Hunde!«

Er besorgte sich einen Computer, besuchte einen entsprechenden Kurs, lernte im Inter-net jemanden kennen, der ebenfalls Lust auf die Reise hatte. Ein Jahr später kauften die beiden sich einen Geländewagen mit Schlafbereich und fuhren los. Unterwegs baute er mit

Spenden seines »Rotary-Clubs« in einem südamerikanischen Slum ein Heim für Straßenkinder auf und kam nach neun Monaten pünktlich zum Geburtstag seiner Frau wieder nach Deutschland. Mit einem Glas Rotwein in der Hand saß er in einem großen Sessel vor uns, rauchte mitgebrachte Havannas, erzählte mit leuchtenden Augen von seinen Erlebnissen und schloss verschmitzt grinsend damit, dass er als nächstes die ehemalige Sowjetunion in Richtung China durchqueren wolle. »Diesmal aber lieber allein.«

Am nächsten Tag fuhr er ins Krankenhaus und ließ sich einen Teil der Leber entfernen. Kein Jahr später ging es dann tatsächlich zu Ende. Frei nach Marx' »Schlimm ist der Tod nur für die Hinterbliebenen« wünschte er sich am Grab »ein Fest der Freude«. Wir Trauernden trugen weiße Anzüge, lauschten den Reden und Berichten seiner Freunde und swingten zum Sound einer Jazzkapelle. Seine treuen Hunde strichen um unsere Beine und gaben allen das Gefühl, dass er durch sie mit dabei war. Sein Körper lag aufgebahrt in einem Meer weißer Blumen, und wir erfuhren, dass er in seinem Leben wirklich Außergewöhnliches geleistet hatte. Eine Geschichte – die übrigens wirklich stimmt – war die, dass er als Wehrmachtsangehöriger Befehlshaber auf einer südeuropäischen Insel gewesen war. In den 60er Jahren hatte er irgendwann den Wunsch verspürt, die Insel nach all den Jahren wiederzusehen. Als er nach ein paar Tagen seine Postkarten aufgab, stammelte ein älterer Mann hinter ihm seinen Namen und rannte aus der Post. Meinem Kunden war es erst einmal etwas unheimlich zumute, vor allem als plötzlich auf der Straße eine Traube von Menschen stand und ihn erwartete. Als er die Post verließ, kam ein Mann auf ihn zu und gab sich als Bürgermeister zu erkennen. Er lud ihn für abends zum Essen ein. Noch immer war der Alte nicht ganz sicher, was ihn erwartete, nahm aber zuversichtlich die Einladung an. Auch dort wartete eine Menschenmenge auf ihn. Einer Ansprache des Bürgermeisters entnahm er, dass die Insulaner bis zu diesem Tag für seine gute Behandlung während des Krieges dankbar waren. Man ernannte ihn zum Ehrenbürger und schenkte ihm ein Häuschen mit Olivenhain mit dem Wunsch, ihn »als Freund oft bei sich zu haben«. Wow!

Was mich wirklich beeindruckte, war dieser enorme Tatendrang, dieser Lebenswille, die überwältigende geistige Klarheit, sein unstillbarer Wissensdurst. Er jammerte nie, auch wenn er wirklich oft genug Grund dazu gehabt hatte. Er schaute nach vorn.

Der Trinker

Doch ich möchte auch noch von einer weiteren Beerdigung berichten. »Onkel Hans« war ein Trinker und Kettenraucher, ein Legionär, ein Schläger und Schmuggler. Er hatte auch schon mal einen »abgestochen« und war der schlimmste Chaot, der jeden mit sich in den Abgrund reißen konnte. Die einzige wirkliche Konstante in seinem Leben war wahrscheinlich seine Liebe zu seinen drei Hovawartmischlingen (die allesamt mit im Bett schliefen) und seinen schottischen Rindern (die draußen bleiben mussten). Er hatte wirklich eine Menge Feinde, die fürchtete er allerdings nicht. »Ich bin schlimmer«, war eins seiner liebsten Argumente. Auch Hans gehörte zu meinen allerersten Kunden, und wenn damals im Herbst nichts in der Praxis los war, hatten wir ihm immer bei der Ernte geholfen. Abends saßen wir dann zusammen und tranken und redeten und die anderen Helfer waren ebensolche außergewöhnlichen Lebenskünstler wie er: ein Kunstpfeifer aus England, ein Bauer aus Schlesien, ein Perlentaucher aus Sri Lanka, ein Detektiv aus Südafrika, ein reisender Glücksspieler. Polen, Russen, Türken. Er war hier am Ort wirklich verhasst; dennoch hatte er die Fähigkeit, Menschen in seinen Bann zu ziehen, wie ich es bei keinem anderen je erlebt hatte. Er war ein Brückenbauer zwischen Menschen, zwischen denen es eigentlich keine Berührungspunkte und keine Verständigung hätte geben können. Alle paar Jahre wurde es ihm dann aber zu eng, er warf die Freundschaften über Bord und suchte sich neue Kumpane. Der Perlentaucher und wir gehörten auch der »dritten Staffel« noch an und wir verlebten einige herrliche Sommer. Doch so genial das alles erschien, es steckte eine unglaubliche Tragödie dahinter. Sein letzter Absturz endete in einem grausamen Tod. Die wenigen Besucher seiner Beerdigung waren dann auch entsprechende »Vögel«, darunter meine Frau und ich (»Sollte uns das zu denken geben?«). Kannte ich bis dahin vor allem lobhudelnde, schmalztriefende Abgesänge, schilderte der Geistliche in diesem Fall ungeschönt die Tragödie eines Lebens: wie Hans unter dem brutalen Regime seines Vaters, eines Patriarchen im schlimmsten Sinne, gelitten hatte und wie die entsetzliche Kindheit sein gesamtes Leben prägte und schließlich auch zerstörte.

Der Tierarzt

Natürlich betrieben wir beim Leichenschmaus die übliche »Gesichtspflege«. Doch gaben mir die Beerdigungen auch Tage danach oft noch Stoff zum Nachdenken. Ich finde immer wieder erstaunlich, mit welch unterschiedlichen Menschen man »durch das Tier vereint« in Kontakt kommt. Und wie schade es ist, dass so wenig Zeit bleibt, all diese spannenden Geschichten zu hören. »Vielleicht«, sagte ich zu meiner Frau auf der Heimfahrt, »habe ich schon viel zu viele Beerdigungen verpasst!« Aber bei einem bin ich mir sicher: Wer Tiere liebt, kann kein schlechter Mensch sein.

Über den Autor

Henrik Hofmann promovierte nach dem Studium der Tiermedizin in Gießen, absolvierte eine Spezialausbildung für Akupunktur und wurde 2004 zum Fachtierarzt für Allgemeine Veterinärmedizin ernannt. Heute führt er mit seiner Frau Daniela, die ebenfalls Tierärztin ist, eine Praxis mit den Schwerpunkten Naturheilverfahren, Tierverhalten und Gynäkologie. Er ist als Redakteur der Fachzeitung »VETimpulse« tätig, hat einen Fotobildband über Hausschlachtung veröffentlicht und Vorträge, Bilder und Texte für Zeitschriften, Lehrbücher, Tierschutzverbände, Industrie, Hochschulen und Ministerien verfasst. Zuletzt veröffentlichte er mit seinem Vater, der ebenfalls Tierarzt ist, den »Bildatlas der Rinderkrankheiten«, Verlag Eugen Ulmer. Hofmanns sehen ihren Beruf noch immer als Berufung und beschäftigen sich auch in ihrer Freizeit vor allem mit Hunden und Pferden.

Danksagungen

Ich danke den vielen Freunden und Tierbesitzern, die mich zu diesem Buch inspiriert und ermutigt haben. Insbesondere danke ich meinem Vater, meiner Schwiegermutter und Dorothee Lindemann für geduldige Korrekturen, meinen „Models" Tina Brückner, Pia Hartmannshenn, Tante Hilde, Familie Häuser, Helma Adamopulos, Thorsten Adami und seinen Kühen, Veronika Ibrahim für eine Idee, meiner geduldigen Frau und ihren Möpsen und all den anderen! Zudem dem Veterinär-Verlag für den Verzicht auf das Copyright bereits erschienener Geschichten und Gerald und Ronald von der Agentur „das pferd", die mein Buch gestaltet haben, „als wäre es ihr eigenes"!

Ein Wort zu Möpsen im Speziellen: Falls Sie beabsichtigen, sich einen Mops zu kaufen, und mit diesem (untypischerweise) spazierengehen wollen, dann achten Sie bitte darauf, dass er eine lange Nase hat! Dann bekommt er nämlich besser Luft! Ich empfehle „Spitzenmöpse"!

Das gibt's auch noch bei VetPress.de:

»Schweinefleisch kommt aus der Kühltheke« – diese Meinung dürfte bei einer Umfrage unter Kindern nicht allzu selten sein. Man nennt dies »Entkoppelung der Nahrungskette« und beschreibt damit einen Trend, der auch vor dem bäuerlichen Betrieb nicht halt macht.

Und Tierärzte, die an der Urproduktion der Lebensmittel in Form von Hausschlachtung so direkt beteiligt sind, wie Kollege Henrik Hofmann, wissen, dass diese Veränderung unaufhaltsam und unwiderruflich ist. Obwohl oder gerade weil wir alle Zeitzeugen dieses Wandels sind, vergessen wir, diesen Wandel zu dokumentieren. Hofmann hält in seinem Buch Geschichten und Bilder aus seiner Assistentenzeit sowie aus seiner Tätigkeit als selbständiger Nutztierpraktiker zum Thema Fleischbeschau fest. Durch die in schwarz-weiß oder in magenta gehaltenen kunstvollen Abbildungen wird nicht das »blutige Handwerk« in den Vordergrund gestellt, sondern der Mensch im Zusammenhang mit seinem Lebensraum. Personen und Situationen werden so gezeigt wie sie sind: originell und original, mit Ecken und Kanten und ungeschminkt. Für alle, die in oder mit der Lebensmittelproduktion tierischen Ursprunges beteiligt sind, ist dieses Buch eine kurzweilige und interessante Lektüre, die den einen oder anderen bereits an »alte Zeiten« erinnert. Für alle, die nichts mit Fleischbeschau zu tun haben, ist es ein Zeugnis für eine der wichtigen beruflichen Wurzeln der Veterinäre: dafür zu sorgen, dass Fleisch in ausreichender Menge, guter Qualität und hygienisch einwandfrei auf den Tisch kommt.

Aus: FachPraxis / Albrecht Aulendorf

Dr. Henrik Hofmann:
Hausschlachtung.
Bilder einer fast vergangenen Zeit
zu beziehen bei:
www.vetpress.de
Tel. 06033-5367

Preis: 19,95 Euro